J. de Luc

An Essay on Pyrometry and Areometry, and on Physical

Measures in General

By John Andrew de Luc, F. R. S.

J. de Luc

An Essay on Pyrometry and Areometry, and on Physical Measures in General
By John Andrew de Luc, F. R. S.

ISBN/EAN: 9783337382148

Printed in Europe, USA, Canada, Australia, Japan

Cover: Foto ©berggeist007 / pixelio.de

More available books at **www.hansebooks.com**

XX. *An Essay on Pyrometry and Areometry, and on Physical Measures in general. By* John Andrew De Luc, *F. R. S.*

PART THE FIRST.

Concerning the measure of the expansion of solids by heat.

Read March 19, 26, and April 9, 1778.

MY inveſtigations of this meaſure have been owing to accident. A new Hygrometer led me to them: I have already mentioned this inſtrument in the paper which the Royal Society has done me the honour to inſert in the laſt volume of the Philoſophical Tranſactions.

I had

Essai sur la Pyrométrie et l'Aréométrie, et sur les Mesures Physiques en général. Par J. A. De Luc, *Membre de la Société Royale,* &c.

PREMIERE PARTIE.
De la mesure des expansions des solides par la chaleur.

MES recherches sur cette mesure ont été accidentelles: c'est un nouvel Hygrométre qui en est l'occasion. Je faisois déja mention de cet instrument dans le mémoire que la Société Royale m'a fait l'honneur d'insérer dans les Transact. Phil. de l'année dernière.

Je

I had carried it with me to the top of the Hartz, with an intention to repeat there the obfervation upon the dry-nefs of mountainous air, which I had made in the Alps; but it fell out, as it often does on mountains, that what I did obferve was the extreme humidity.

I will not enter upon the conftruction of this in-ftrument, which I have not yet been able to take up again, to bring it to the exactnefs of which it is capable: all that is neceffary to mention here is, that it is made of ivory, as the firft was, but in a glafs frame; and that the effects of the *humor* upon ivory being inconfiderable, I wanted, in order to meafure them correctly, to deftroy the effect of heat upon the frame, which I have done (as in the compound pendulum) by the expanfion of a rod of brafs in a contrary direction. But to do this it became neceffary to determine the proportion between

the

Je l'avois porté fur la plus haute fommité du Hartz, dans l'intention d'y répéter l'obfervation de la féchereffe de l'air des montagnes, que j'avois faite dans les Alpes: mais il arriva, ce qui arrive auffi très fouvent fur les montagnes, que ce fut l'humidité extréme que j'y obfervai.

Je n'entrerai pas dans le détail de la conftruction de cet inftrument, que je n'ai pu reprendre encore pour l'amener au point d'exactitude dont il eft fufceptible: il fuffira de dire ici, qu'il eft d'yvoire comme le prémier que j'avois imaginé, que fa monture eft de verre, et que les effets de l'*humor* fur l'yvoire étant peu confidérables, j'ai voulu, pour les mefurer correctement, détruire l'effet de la chaleur fur la monture; ce qui s'exécute, comme dans les pendules compofés par l'expanfion en fens contraire d'une lame de leton. Il failloit donc déterminer les rapports

the dilatations of brafs and glafs by heat, and that was the occafion which led me to Pyrometry. One cannot advance a ftep towards the improvement of any of the fciences, without contributing at the fame time to bring the others to the fame level.

Being thus obliged to know with fome degree of accuracy the relations of dilatations between brafs and glafs, I began by confidering the methods which had been made ufe of to eftimate them, and found in them nothing but uncertainty. The mountings of the inftruments were to be fufpeéted, and their influence not fufficiently guarded againft: Micrometers appeared to me uncertain; for wheels and levers are liable to almoft unavoidable irregularities; fimilar degrees of preffure in the contaét are difficult to eftimate; and fuch methods of increafing fmall

phyfical

---

rapports des dilatations du léton et du verre par la chaleur; et c'eft cet objet qui m'a jetté dans la Pyrométrie. On ne fauroit faire avancer d'un dégré vers la perfeétion quelque branche des fciences, fans qu'elle tende à porter les autres au même niveau.

Me trouvant donc dans la néceffité de connoitre avec quelque précifion ces rapports des dilatations du léton et du verre, je réflechis fur les moyens qu'on avoit employés pour les déterminer, et je n'y trouvai qu'incertitude. Les montures des machines me parurent fufpeétes; je ne trouvai pas qu'on fût affez à l'abri dès effets de leur propre dilatation: les Micrométres furtout me parurent peu fûrs: car des rouages et des leviers font fujets à des irrégularités-prefque inévitables; des dégrés femblables de preffion dans les contaéts font difficiles à faifir; et agrandir

ainfi

phyfical effects render them indeed more apparent, but do not at all contribute to their exact menfuration.

I had heard the ingenious Mr. RAMSDEN fay, that he had a notion of a Pyrometer different from all that had been invented; and knowing his great fkill in philofophical and mechanical matters, I applied to him, and preffed him to execute his idea. The multitude of his other engagements prevented his complying with my requeft; and he advifed me to look no farther for the proportions of the expanfions of brafs and glafs than to Mr. SMEATON's experiments, which he looked upon, with reafon, as the beft that had been made[a]. Still, however, upon my defiring him to explain by what means he thought of being able to correct the faults of the ancient inftruments, he was kind

(a) Phil. Tranf. 1754.

enough

---

ainfi les petits effets phyfiques, c'eft bien les rendre plus apparents, mais nullement les mefurer avec exactitude.

J'avois ouï dire à l'ingénieux Mr. RAMSDEN, qu'il avoit l'idée d'un Pyromètre différent de tous les autres; et connoiffant fa grande intelligence dans les matiéres de phyfique et de méchanique, j'eus recours à lui, et je le preffai d'exécuter fon plan. Mais la multitude des objets qui l'occupent l'en empècha, et il me confeilla de m'en tenir pour le rapport des expanfions du léton et du verre, aux expériences de Mr. SMEATON, qu'il regardoit avec raifon comme les plus fures*. Je priai cependant Mr. RAMSDEN de m'expliquer par quel moyen il comptoit de pouvoir éviter les défauts des machines anciennes; et il eut la complaifance

* Phil. Tranf. 1754.

de

enough to do it, and told me, that he propofed meafuring the expanfions of bodies, by the Micrometer of a Microfcope; by which means he fhould obviate the greateft mechanical difficulties. He added, moreover, that he had made a firft trial of his method a long while ago, and was affured of the fuccefs.

This idea ftruck me, and being very defirous of following it in my prefent need, I determined, if I could hit upon any method within my compafs of ability, to undertake to execute it myfelf.

I found many difficulties fo long as I only thought of abfolute meafures of the expanfions of bodies. I was determined not to fet to work without the hope of making an inftrument that fhould be really an exact one, and the Micrometer always puzzled me. But coming happily to reflect that I did not want abfolute

meafures,

---

de le faire. Il me dit donc, qu'il fe propofoit de mefurer les éxpanfions des corps, au moyen du Micromètre d'un Microfcope; ce qui éviteroit les plus grandes difficultés méchaniques: il ajouta même, qu'il avoit fait depuis long tems un premier effai de cette méthode, et qu'il étoit perfuadé du fuccès.

Cette idée me frappa; et defirant beaucoup d'en faire ufage dans mon befoin préfent, je me déterminai à entreprendre de l'exécuter moi-même, fi je pouvois imaginer quelque moyen qui fût à ma portée.

Je trouvai beaucoup de difficultés à cette entreprife, tant que je ne fongeai qu'à des mefures abfolues des expanfions des corps. Je ne voulois pas mettre la main à l'oeuvre, fans avoir l'efpérance de faire une machine vraiment exacte; et le Micromètre m'embaraffoit toûjours. Mais venant heureufement à confidérer,

que

meafures, and that it was enough for me to find the proportions of dilatibility between two different bodies, I was led by that idea to a very fimple method, which made all the difficulties vanifh, and gave me the confidence I wanted to fet me to work. Afterwards, indeed, I went much farther than I expected in the abfolute meafures themfelves, as I fhall fhew, after having firft explained how I propofed to afcertain the relative expanfions, and the great advantage of that method in practice.

Principle on which is founded the comparative meafure of the expanfions of bodies by heat.

I fuppofe[b] a perfon to take two rods of the fame fort of fubftance, or of two different fubftances equally dilatable

---

que je n'avois pas befoin de mefures abfolues, et qu'il me fuffifoit de trouver avec certitude les rapports des dilatabilités de deux corps différens, je fus conduit par là à une idée fort fimple, où toutes les difficultés s'évanouïrent: ce qui me donna la confiance dont j'avois befoin pour mettre la main à l'oeuvre. Mais enfuite j'ai été plus loin que je n'aurois ofé efpérer; dans les mefures abfolues mêmes: c'eft ce que j'expoferai, après avoir expliqué d'abord, comment je me propofai de trouver les expanfions rélatives, et la fureté qu'il y a dans la pratique en les envifageant fous ce point de vuë.

Principe de mefure comparative des expanfions des corps par la chaleur.

Je fuppofe (b) qu'on prenne deux branches de même matière, ou de matières également dilatables par la chaleur; et que, les pofant l'une fur l'autre, on les

(b) See plate. vii. fig. 1. and its explanation.

lie

dilatable by heat, and laying them one over the other, to rivet them together at one of their ends. If then they are folidly fufpended by the oppofite end of one of the rods only, and on the free rod there be marked a point, at the level of the point of fufpenfion of the other; thefe two points will remain equally immoveable, whatever be the heat which affects the two rods, fo long as it affects them equally: for the expanfion downwards in the fixed rod will be compenfated by the expanfion upwards in that which is free; and confequently, the point marked upon this will always remain equally high, that is, correfponding in the fame manner with the point of fufpenfion of the other; fo the proportion of expanfions of the two rods will be that of equality, fince the diftances from the point of union of the rods to the two immoveable points will be equal; and that, con-

fequently,

---

lie enfemble par un de leurs bouts: fi on les fufpend folidement par le bout oppofé de l'une des branches feulement, et qu'on marque un point fur la branche libre vis à vis du point de fufpenfion de l'autre, ces deux points refteront également immobiles, quelle que foit la chaleur qui affecte les deux branches, dés que ce fera également: car l'allongement vers le bas dans la branche fixée, fera compenfé par l'allongement vers le haut dans la branche libre; et par confequent le point marqué fur celle-ci, reftera toûjours exactement à la même hauteur, c'eft à dire vis à vis du point de fufpenfion de l'autre. Ainfi le rapport des expanfibilités des deux branches, fera celui d'égalité; puifque la diftance du point de réunion des branches, aux deux points immobiles, fera la même, et que

fequently, the fame length of the two fubftances will be requifite to produce the fame lengthening of them by heat.

But if the free rod fhould have more or lefs expanfibility than the fixed rod, the immoveable point of the former will not be any longer at the fame height as the point of fufpenfion of the latter; it will be lower, if its expanfibility be greater, becaufe a lefs length of this rod will be required to make up for the whole lengthening of the other. It will be higher, on the contrary, if its expanfibility be lefs; and the diftances, from the point immoveable by fufpenfion, and the point immoveable by compenfation, to the point of union, will be always in the inverfe ratio of the expanfibility of the two fubftances.

If then we can find this immoveable point by compenfation, and its diftance from the point of union, that of the point of fufpenfion being given, we fhall have the relation

---

par conféquent il aura fallu une même longueur des deux matières, pour produire un même allongement par la chaleur.

Mais fi la branche libre a plus ou moins d'expanfibilité que la branche fixée, le point immobile de la première, ne fera plus vis à vis du point de fufpenfion de l'autre : il fera plus bas fi fon expanfibilité eft plus grande; parce qu'il faudra moins de longueur de cette branche, pour compenfer tout l'allongement de l'autre : il fera plus haut au contraire, fi fon expanfibilité eft moindre : et les diftances du point de réunion, au point immobile par la fufpenfion et au point immobile par compenfation, feront toûjours en raifon inverfe de l'expanfibilité des deux matiéres.

Trouver donc ce point immobile par compenfation, et fa diftance au point de réunion, celle du point de fufpenfion étant connue, ce fera trouver le rapport des expanfibilités

relation of the expanfibilities of the two fubftances. Now nothing is eafier than to do this by means of a Microfcope, furnifhed with a fingle immoveable wire; for the wire being fitted to a point of the free rod, and the two rods being equally warmed, if this point moves, it is a fign that it is not that which is fought for, which will then foon be found by pointing the Microfcope higher or lower on the free rod, according to what fhall have been indicated by the firft trials.

Thus then will the relation of the expanfibilities of two fubftances be procured without the neceffity of having recourfe to any Micrometer; confequently, without the rifks of the errors thofe inftruments are fubject to, when they are ufed in very nice meafures. All that will be neceffary for the exactnefs of the obfervations will only be,

---

expanfibilités des deux matiéres. Or il eft très aifé de le trouver par le moyen d'un Microfcope muni d'un feul fil immobile. Car en ajuftant ce fil fur un point de la branche libre, et échauffant également les deux branches, fi ce point fe meut, ce ne fera pas celui qu'on cherche; mais on le trouvera bientôt par tatonnement, en pointant le Microfcope plus haut ou plus bas fur la branche libre, fuivant que les prémières tentatives l'auront indiqué.

On aura donc ainfi les rapports des expanfibilités de deux matières, fans befoin de Micromètre, et par conféquent fans être expofé aux erreurs qu'il pourroit introduire dans des mefures auffi délicates: et tout ce qui eft néceffaire pour l'exactitude ne confifte qu'à s'affurer, qu'un Microfcope

be, to be affured, that, whilft the fubftances compared are
warming, a Microfcope and a point of fufpenfion will be
fecured from being difturbed by any motion; which is
not very difficult.

Defcription of an inftrument, intended to find out the com-parative expanfibilities of bodies by heat.

I flatter myfelf, that a defcription will make this inftrument fufficiently underftood to render it unneceffary
for me to give a figure of it: fhould the Society, however, be defirous of having a drawing of it, I' fhall with
pleafure obey their commands[c].

The bafis of the inftrument is a rectangular piece of
deal-board, very ftrait-grained, two feet and a half long,
fifteen inches broad, and one inch and a half thick: it is
to this that all the other parts are fixed. The firft thing
I did

---

et un point de fufpenfion feront mis à l'abri de tout mouvement, tandis qu'on
échauffera les matières comparées; ce qui n'eft pas bien difficile.

*Defcription d'un inftrument deftiné à trouver les expanfibilités comparatives des corps
par la chaleur.*

Je crois pouvoir me difpenfer de donner une figure de ma machine, parce que
j'efpére qu'une fimple defcription la fera comprendre. Si cependant la Société
Royale fouhaitoit que je la fiffe deffiner, je me conformerois à fon intention (c).

Une planche de fapin à fibres bien droites, de 2½ pieds de long, 15 pouces de
large, et 1½ pouce d'épaiffeur, fait la bafe de la machine.. C'eft à cette planche

(c) See plate vii. fig. 2. and its explanation.

que

I did was, to mount it in the manner of a table, with four
deal legs, each a foot long, and an inch and a half fquare,
very folidly fitted near its four angles, and kept together
at the other ends by four crofs pieces, likewife very folid.
I fhall always confider this fmall table as hung to a ftand,
capable of being tranfported to whatever part there is
moft light in; the board being in a vertical fituation in the
direction of its grain, and bearing its legs forward in fuch
a manner as that the crofs pieces which join them may
form a frame, likewife placed vertically facing the obferver.

This frame fuftains the Microfcope, which is firmly
fixed in another frame that moves in the former by
means of grooves; but with fuch a degree of tightnefs as
fo render it neceffary to ufe fmall ftrokes of a hammer in
order to make it flide. The preffure of four fcrews
will

---

que font attachées toutes les autres parties. Je l'ai montée d'abord comme une
petite table, ayant quatre jambes de fapin d'un pied de long et d'1¼ pouce en
quarré, pofées bien folidément près de fes quatre angles, et réunies à l'autre extrémité par quatre traverfes auffi très folides. Je fuppoferai toûjours cette petite
table fufpendue à un fupport propre à être tranfporté là où l'on aura le plus de
lumière, fa planche étant dans une fituation verticale dans là direction de fes
fibres, et portant fes quatre jambes en avant, de manière que les traverfes qui
les réuniffent forment un cadre, fitué auffi verticalement en face de l'obfervateur.

C'eft à ce cadre qu'eft folidement adapté le Microfcope, dans un chaffis
qui monte et defcend à couliffe, et avec affez de jufteffe, pour qu'il faille
employer de petits coups de marteau pour le faire mouvoir: la preffion de
quatre

will give it the degree of friction one thinks proper. I
preferred this mode to that of moving the Microfcope
by a fcrew, becaufe this laft would have required metal,
which is more fufceptible of the impreffions of heat than
deal is; and becaufe the execution of it would have been
longer, and more expenfive, from the degree of perfection it would have required, whilft this fimple method
has fuccceded perfectly well.

The inner fliding frame, which is likewifeof deal, keeps
the tube of the Microfcope in an horizontal pofition,
and in great part without the frame, infomuch that the
end which carries the lens is but little within the fpace
between the frame and the board. This Microfcope
is conftructed in fuch a manner as that the object
obferved may be an inch diftant from the lens, and

it

---

quatre vis lui donne le dégré de frottement que l'on veut. J'ai préféré ce
moyen, à celui de conduire le Microfcope par une vis; parce que ce dernier
auroit exigé du métal, plus fufceptible des impreffions de la chaleur que le fapin;
et que l'exécution auroit été plus longue et plus difpendieufe, par la perfeҫҕion
qu'elle eût exigé: tandis que cette voye fimple a parfaitement réuffi.
    Le chaffis, qui eft auffi de fapin, tient le tube du Microfcope fitué horizon-
talement, et en grande partie au dehors du cadre; tellement que le bout qui porte
la lentille n'eft que fort peu en dedans de l'efpace compris entre le cadre et la
planche.   Ce Microfcope eft conftruit de manière, que l'objet obfervé peut être

it has a wire which is fituated in the focus of the glaffes in which the objects appear reverfed.

At the top of the apparatus there is a piece of deal, an inch and a half thick, and two inches broad, lain in an horizontal direction from the board to the top of the frame. It is this piece to which the rods of the different fubftances, whofe expanfion by heat one wants to meafure, are fufpended: one end of it flides into a focket, which is cut in the thicknefs of the board; and the other end, which refts upon the frame, meets there with a fcrew which makes the piece move backwards and forwards, to bring the objects to the focus of the Microfcope. There is a cork very ftrongly driven through a hole bored vertically through this piece; and it is in another hole, likewife vertical, made through the cork,

that

à un pouce de diftance de la lentille; et il porte un fil au foyer des verres, où les objets fe peignent renverfés.

Au haut de l'appareil eft une pièce de fapin, d'un pouce et demi d'épaiffeur et de deux pouces de largeur, qui part horizontalement de la planche et vient fe repofer fur le haut du cadre. C'eft à cette pièce que font fufpendues verticalement les branches des diverfes matières dont on veut mefurer l'expanfion par la chaleur: elle gliffe par un bout, en tenon, dans une mortaife percée dans l'épaiffeur de la planche; et l'autre bout, qui repofe fur la cadre, y eft reçu par une vis qui fait mouvoir la pièce en arrière ou en avant, pour amener les objets au foyer du Microfcope. Un bouchon de liège paffe avec force par un trou percé verticalement dans cette pièce; et c'eft par un trou, auffi vertical, qui traverfe

ce

that the rods are fixed at the top: fo that they hang only, and their dilatation is not counteracted by any preffure.

In order to convince myfelf of the folidity of this inftrument, I adjufted the wire of the Microfcope upon a point of a rod thus fufpended, and left it in that ftate for feveral hours, during which I not only moved but ftruck the machine, without perceiving any change in the relative pofition between the point and the wire, which perfectly anfwered my end.

The next thing to be done was to heat my rods: for this purpofe I procured a cylindrical bottle of thin glafs, about twenty-one inches high, and four inches in diameter, which I placed in the infide of my machine, upon a ftand independent of the reft of the apparatus. The rods are fufpended in this bottle at a little lefs than an inch

---

ce liège, que les branches font retenues par leur bout fupérieur: elles font ainfi fimplement fufpendues, et par conféquent leur dilatation ne fe confume à aucun effort.

Pour m'affurer de la folidité de cette machine, j'ajuftai le fil du Microfcope fur un point d'une branche ainfi fufpendue, et je le laiffai dans cet état pendant plufieurs heures, en tranfportant et heurtant même la machine, fans appercevoir aucun changement dans le rapport du point avec le fil: ce qui repondoit parfaitement à mon but.

Il s'agiffoit alors d'échauffer mes branches. Je fis faire pour cela une bouteille cylindrique de verre mince, de 21 pouces de haut et de 4 pouces de diamétre, que je plaçai dans l'intérieur de ma machine fur un fupport indépendant de tout le refte de l'appareil. Les branches pendent dans cette bouteille à un peu

7   moins

inch diſtance from one of the ſides, in order to have them near the Microſcope. I poured into this bottle water of different degrees of heat, which I ſtirred about with a little piece of wood, faſtened horizontally at the end of a ſtick, which I moved upwards and downwards at one of the ſides of the bottle; in this water I hung a thermometer, the ball of which reached to the middle of the height of the rods.

The water during theſe operations riſes to the cork, which thus determines the length of the heated part: the bottle is covered, to prevent the water from cooling too rapidly at the ſurface; and a thin caſe of braſs prevents the depoſit of the vapor upon the piece of deal to which the rods are fixed.

This

---

moins d'une pouce de diſtance de l'un des côtés, parce qu'il faut qu'elles ſoyent à portée du Microſcope. Je verſe de l'eau à diverſes températures dans cette bouteille, et pendant les expériences, j'agite cette eau par le moyen d'une petite planchette tenue horizontalement au bout d'un bâton, que je fais mouvoir de haut en bas et de bas en haut à l'un des côtés de la bouteille. Je ſuſpends dans cette eau un Thermométre dont la boule atteint le milieu de la hauteur des branches.

L'eau, pendant les opérations, s'élève juſqu'au liège, qui détermine ainſi la longueur de la partie échauffée. La bouteille a un couvercle, pour empêcher le réfroidiſſement trop rapide de l'eau à la ſurface; et un étui de léton mince empêche ſa vapeur de ſe dépoſer ſur la pièce de ſapin où les branches ſont fixées.

This is a fketch of my machine, the whole of which confifts in the keeping the Microfcope and the point of fufpenfion of the rods free from motion during the obfervation, and in heating the rods with water.   I will now give an account of the experiments I have made with it.

Application of the method of finding the proportions between the expanfibilities of different matters by heat.---Determination of the relative expanfibilities of brafs and glafs.

The firft experiment I made with this machine was that which I wanted for my Hygrometer.   I took a glafs tube, fimilar to thofe which are made ufe of for

common

Voila l'efquiffe de cette machine, où tout confifte à rendre le Microfcope et le point de fufpenfton des branches à l'abri de mouvement pendant l'obfervation; et à échauffer les branches par le moyen de l'eau.   Je vais maintenant rendre compte des expériences que j'ai faites par fon moyen.

Application de la méthode de trouver les rapports des expanfibilités de matières différentes par la chaleur.—Détermination des expanfibilités rélatives au léton et du verre.

La première expérience que-je fis avec cette machine, fut celle dont j'avois befoin pour mon Hygromètre.   Je pris une branche de verre percée, femblable à celles qu'on employe aux Baromètres communs dont le tube eft fort épais: ces

tubes

common Barometers; that which I ufed for the frame of
my Hygrometer, and on which I made the experiment,
had an external diameter of about three-eighths, and an
internal of about one-eighth of an inch: the rod was from
twenty-one to twenty-two inches long, but it paffed under
the cork only eighteen Englifh inches, reckoning from the
point to which was fixed at its bottom the lamella of brafs
the dilatation of which I wanted to compare with that of
the glafs. The lamella was applied from this point length-
ways and upwards along the tube: it had been made thin
by rollers, to render it the more elaftic; and as it was too
thin to fupport itfelf upright, I kept it ftretched in
that direction by means of a thread, which, going over
a pulley, bore at its other end a weight fit to give it
the fame degree of tenfion which it has in my Hygrometer.

Upon

---

tubes dont je fais ufage pour la monture de mes Hygromètres, et que je fournis à
l'expérience, ont environ ⅜ de pouce de diamètre extérieur, et d'⅛ à l'intérieur.
Le tube que j'emploiai avoit 21 à 22 pouces de long, mais il n'excédoit le liège
que de 18 pouces Anglois, à compter du point où étoit fixée dans le bas la lame de
léton dont je voulois comparer la dilatation avec celle du verre. De ce point, la
lame de léton s'élevoit le long du tube. Elle étoit faite au laminoir pour la rendre
plus élaftique; et comme elle fe trouvoit trop mince pour fe foutenir de bout par
elle-même, je la tenois tendue dans cette direction par un fil, qui, paffant fur
une poulie, portoit à fon autre bout un poids propre à lui donner le même degré de
tention qu'elle éprouve dans mon Hygromètre.

J'avois

Upon this lamella I had marked a fcale which began at its point of union with the glafs, and was divided into fmall equal parts at the fpace along which I thought I might be obliged to move my Microfcope, in order to look for the point which would neither rife nor fall by the variations of the heat.

Hitherto the difficulties had been inconfiderable, or rather I had experienced none at all: but it was not fo in the phyfical inquiry which was my firft objeɛt. The nearer we furvey nature, the more we fee of the difficulty there is in unfolding her myfteries; as in the affairs of ordinary life, thofe ever find them the moft difficult, who underftand them beft. The moral and phyfical Microfcope are equally fit to render men cautious in their theories.

The

J'avois tracé fur cette lame une échelle qui partoit de fon point de réunion avec le verre, divifée en petites parties égales dans l'étendue où je penfois pouvoir être obligé de promener mon Microfcope pour chercher ce point fixe, c'eſt à dire le point qui ne monteroit ni ne defcendroit par les variations de la chaleur.

Les difficultés avoient été fort peu confidérables jufques là, ou plutôt je n'en avois éprouvé aucune. Mais il n'en fut pas de même dans la recherche phyfique qui étoit mon premier objet. Plus nous voyons de près la Nature, plus nous appercevons les difficultés qu'elle oppofe à fe laiffer dévoiler. C'eſt ainfi que dans les affaires mêmès de la vie, il n'y a perfonne qui les trouve plus difficiles que ceux qui les voyent le mieux. Le Microfcope, phyfique ou moral, eſt bien fait pour rendre l'homme circonfpeɛt dans fes théories.

The firſt phyſical difficulty I met with was not new to me: I had already met with it in two different machines in which I had made uſe of metals; in the one, to mark the variations of the heat; in the other, to compenſate the effects of it: it was the irregular dilatations of metals.

The laſt of theſe machines, which is that on which I have beſtowed the moſt care, and which I have ſtudied with the greateſt attention, corrects the effects of the heat upon a Barometer, and upon an Hygrometer of my firſt conſtruction, which is joined to it. A ſtrong rod of well hardened braſs ſupports upon an edge, at a convenient diſtance from the center of motion, a lever, which holds the ſcale of the Barometer ſuſpended, and makes it riſe or fall by the dilatation or condenſation of the braſs rod, as the quickſilver riſes or falls in

the

La première des difficultés phyſiques que j'ai rencontrées ne m'étoit pas inconnue: je l'avois déja éprouvée en deux machines différentes où j'avois employé des métaux, dans l'une pour marquer les variations de la chaleur, et dans l'autre pour en compenſer les effets; c'eſt l'irrégularité des dilatations des métaux.

'La dernière de ces machines, qui eſt celle à laquelle j'avois donné le plus de ſoin, et que j'ai étudiée avec le plus d'attention, corrige les effets de la chaleur ſur un Baromètre, et ſur un Hygromètre de ma première conſtruction qui lui eſt joint. Une forte branche de léton, bien durcie à la filière, ſoutient ſur un tranchant, à une diſtance convenab'e du centre de mouvement, un levier qui tient ſuſpendue l'echelle du Baromètre, et qui la fait monter ou deſcendre, par la dilatation ou condenſation de la branche de léton, comme le mercure monte ou deſcend

the Barometer, by the correfponding variations of heat.
This fcale of the Barometer, when it moves, draws or
loofens a thread of filk-grafs, which goes over a fmall
pulley placed upon the fame axis with a much larger
one, to which the fcale of the Hygrometer is hung
likewife by a fimilar thread, which thus varies, by the
proportion of the diameters of the pullies, as the heat
makes the quickfilver in the Hygrometer vary.

This inftrument is extremely convenient for meteoro-
logical obfervations, becaufe it faves one obfervation, and
two corrections for the heat, and thus makes a faving of
time, which is fpecially precious to the Aftronomer, who has
fo many objects of attention. But it is neceffary from time
to time to correct an irregularity in it, which one eafily
perceives by means of an index carried by the moveable
                                                    fcales

---

defcend dans le Baromètre par les variations correfpondantes de la chaleur.
Cette échelle du Baromètre, dans fes mouvemens, tire ou relâche un fil de pite,
qui paffe fur une petite poulie, mife fur un même axe avec une autre beaucoup plus
grande à laquelle pend, auffi par un fil de pite, l'échelle de l'Hygromètre, qui
varie ainfi, par le rapport des diamètres des poulies, comme la chaleur fait
varier le mercure de l'Hygromètre.

Cet inftrument eft très commode pour les obfervations météorologiques, parce
qu'il difpenfe d'une obfervation et de deux corrections pour la chaleur, et qu'il
épargne ainfi du tems; œconomie principalement utile à i Aftronome, qui a
tant d'objets d'attention à la fois. Mais il faut y corriger de tems en tems une
irrégularité, qu'on apperçoit aifément par le moyen d'un index que portent les
                                                                        échelles

fcales of the two inftruments, which, going over immoveable fcales of the fame fort, fhews their difference of height. When this difference is no longer conformable to the indication of the Thermometer, it is eafily rectified by turning fmall pegs, on which are twifted the thread of filk-grafs which ferves for the fufpenfion of the fcales.

The irregularity of which I have been fpeaking confifts in this, that when the heat, after having varied, returns to the fame point of the quickfilver Thermometer, the metallic Thermometer does not return to it exactly, but varies nearly in the following manner. During the fummer the metallic Thermometer gains conftantly on the other; I mean, that amidft its variations, it always preferves a fmall part of the lengthening, which

échelles mobiles des deux inftrumens, et qui, paffant fur des échelles immobiles femblables, fait voir ainfi leur différence de hauteur. Si cette différence ceffe d'être conforme à l'indication du Thermomètre, on la rectifie aifément, en tournant de petites chevilles fur lefquelles s'enveloppent les fils de pite qui fervent à la fufpenfion des échelles.

L'irrégularité dont il s'agit confifte en ce que, lorfque la chaleur, après avoir varié, revient au même point fur le Thermomètre de mercure, le Thermomètre métallique n'y revient pas toûjours exactement; et la marche des irrégularités eft celle-ci: en Eté, le thermomètre métallique gagne de plus en plus fur l'autre; c'eft à dire que, dans fes variations, il conferve toûjours quelque petite partie de l'allonge-

which is at that time its ordinary ſtate.   In winter, on
the contrary, it becomes inſenſibly a little too ſhort.

The other metallic Thermometer I have mentioned is
made of lead.   I made it ſeven or eight and twenty years
ago, for an inſtrument which is more agreeable than
uſeful, on account of its irregularity.   A rod of lead,
communicating by a thread of ſilk-graſs, with a ſmall
pulley fixed to the ſame axis with a greater one, con-
ducts, by means of another pulley, a needle through
whoſe axis, which is bored, paſſes another axis which
carries the needle of a pulley Barometer.   Thus this inſtrument marks the heat and weight of the air upon
two concentric circles, by means of two needles turning upon the ſame center, as in clocks; beſides which,
the needle of the Thermometer points out upon a
third circle the correction for the heat, to be made

on

---

l'allongement qui fait alors ſon état ordinaire: en hiver au contraire, il devient
inſenſiblement un peu trop court.

   L'autre Thermomètre métallique dont j'ai parlé, eſt de plomb.   Je le fis il
y a 27 ou 28 ans pour une machine plus agreable qu'utile à cauſe de ſon irrégularité.   Une branche de plomb, communiquant auſſi par un fil de pite avec
une petite poulie, miſe ſur un même axe avec une plus grande, conduit, par
une autre poulie et au moyen d'un contrepoids, une aiguille, dont l'axe
percé, laiſſe paſſer celui qui porte l'aiguille d'un Baromètre à poulie.   Ainſi
cet inſtrument marque ſur deux cercles concentriques la chaleur et le poids
de l'air, par deux aiguilles tournant ſur un même centre, comme dans les
pendules; et celle du Thermomètre indique de plus ſur un troiſième cercle,

la

on the Barometer, which at that time I had already determined.

The irregularities of this laſt metallic Thermometer are of the ſame nature, but much more conſiderable than thoſe of the other: this had already made me ſuſpect, that they proceeded from the metal itſelf, though the wood, of which the frame was made, appeared a little ſuſpicious on account of the humidity.

I met with the ſame effects in my laſt experiments, when the frame no longer interfered; and the irregularity ſhewed itſelf in this manner. Whenever I had obſerved the point at which my Microſcope pointed upon the lamella of braſs, which was ſuſpended, with the rod of glaſs, in water at the temperature of the air, and then put warm water in the room of this; if I cooled the

water

---

la correction à faire pour la chaleur ſur le Baromètre, que j'avois déja déterminée alors.

Les irrégularités de ce dernier Thermomètre métallique, qui ſont de même nature que celles de l'autre, ſont encore beaucoup plus grandes; ce qui m'avoit déja fait ſoupçonner qu'elles procédoient du métal méme; quoique la monture, qui eſt de bois dans les deux machines, me fût un peu ſuſpecte à cauſe de l'humidité.

Dans mes dernières expériehces j'ai éprouvé les mêmes effets; et ici la monture n'étoit plus une raiſon de doute. Voici comment cette irrégularité ſe manifeſtoit. Quand j'avois obſervé le point où mon Microſcope viſoit ſur la lame de léton ſuſpendue avec la branche de verre dans l'eau à la température de l'air, et que je ſubſtituois à cette eau de l'eau chaude; ſi je refroidiſſois l'eau peu à peu,

water by degrees, I found that the lamella of brafs preferved a little of its lengthening. I did not fufpect the
rod of glafs, becaufe the elafticity of this fubftance is
phyfically perfect, and that this quality feems to me to
be proper to bring back bodies to the fame ftate, whenever the caufes, of what nature foever they be, which have
drawn them from it, ceafe: and I had foon after direct evi-
dence of the irregularity not proceeding from the glafs.

It was eafy for me to find the proportion of the lengths
of the brafs and the glafs, which, changing fuddenly the
water, which had the fame temperature as the air, for
warm water, produced no difference in the heighth of
the point upon which the Microfcope pointed: which
fhewed that the two fubftances had been equally ex-
panded in contrary directions; but when I afterwards
                                        gradually

---

je trouvois que la lame de léton confervoit un peu de fon allongement. Je ne
fufpectois pas la branche de verre; vu que l'élafticité de cette matière eft phy-
fiquement parfaite, et que cette qualité me paroit propre à ramener les corps au
même état, quand les caufes, quelles qu'elles foyent, qui les en ont tirés, viennent à ceffer: et j'eus lieu enfuite de reconnoitre immédiatement que l'irrégularité ne venoit pas du verre.

Il me fut aifé de trouver la proportion des longueurs du léton et du verre par
laquelle, changeant tout à coup l'eau qui étoit à la température de l'air, en de
l'eau chaude, il ne fe trouvoit aucune différence dans la hauteur du point fur
lequel le Microfcope vifoit: ce qui montroit que les expanfions des deux matières
en fens contraires avoient été égales. Mais en diminuant enfuite par degrès la
chaleur

gradually diminifhed the heat of the water, this point
rofe little by little; that is to fay, the lamella of brafs preferved a part of its lengthening, whilft the rod of glafs
contracted itfelf to the fame point at which it was at the
beginning of the experiments. After a number of fimilar trials, which always ended in the fame manner, I
went to work another way: when no change had been
produced in the heighth of the point, by the fudden
change of water of the fame temperature as the air
into warm water, I immediately put, in the place of
that warm water, water of the fame temperature as
the air, and in that cafe the point did not change neither.

It will not be ufelefs to mention here, that I had
in my bottle a fyphon with a cock, by which I drew
out the water without motion; and that I poured it

in

chaleur de l'eau, ce point s'élevoit peu à peu ; c'eft à dire que la lame de léton confervoit une partie de fon allongement, tandis que la branche de verre fe contrac-
toit au même point où elle l'étoit au commencement de l'expérience.

Après nombre de tentatives de même efpéce, dont les réfultats furent toûjours femblables, je procédai d'une autre manière. Lorfque, par le changement
fubit de l'eau qui étoit à la temperature de l'air, en eau chaude, il ne s'étoit fait
aucun changement dans la hauteur du point, je fubftituois, fubitement auffi, à
cette eau chaude, de l'eau à la température de l'air; et alors le point ne changeoit
pas non plus.

Il ne fera pas inutile de dire ici, que j'avois un fyphon à robinet dans ma bouteille, par lequel je retirois l'eau fans mouvement; et que je l'y verfois au travers

d'un

in through a long tunnel, by which means every thing remained quiet during the time of the experiment.

By comparing thefe two obfervations together, it fhould feem, that when the igneous fluid is agitated for fome time, in fubftances, the particles of which have not that ftrong tendency towards each other which confti-tutes elafticity, it produces fome change in the arrange-ment of thefe particles, which hinders the compound from refuming the fame bulk upon the return of the fame degree of heat; a change which there is not time to bring about, when the variations are fudden, if there be at leaft fome elafticity in the matter.

In fupport of this we already know, that glafs, the moft elaftic of known fubftances, is not fubjeƈt to this irregularity, as I fhall foon fhew; that brafs, which is much lefs elaftic, is fenfibly affeƈted by it; and that lead,

the

d'un entonnoir à long tuyau. Ainfi tout reftoit tranquille pendant l'expérience.

Ces deux obfervations comparées femblent donc indiquer, que lorfque le fluide igné s'agite pendant quelque tems dans les matières dont les particules n'ont pas entr'elles cette forte tendance qui fait l'élafticité, il produit dans l'ar-rangement de ces particules quelque changement, qui empêche les compofés de reprendre exaƈtement le même volume quand le même degré de chaleur revient : changement qui n'a pas le tems de s'effeƈluer, lorfque les variations font fubites, s'il y a du moins quelque élafticité dans la matière.

Nous avons déja pour fondement de cette idée, que le verre, la plus élaftique des matières connues, n'eft pas fujet à cette irrégularité, comme je le montrerai bientôt; que le léton, bien moins élaftique, l'a fenfiblement; et que le plomb,

le

the leaſt elaſtic of all metals, is ſtill more ſubjeƈt to it than
braſs, as I have experienced in my Thermometer made
of it. Beſides, this ſeems to have an abſolute dependance
upon that general law, that the leſs elaſticity ſubſtances
have, the leſs time is neceſſary to make them take the
bent one means to give them: lead takes it inſtan-
taneouſly; glaſs never takes it at all. A ball of the crumb
of bread, which one ſo eaſily faſhions in one's fingers,
preſerves its form when it is thrown with violence
againſt a plain ſurface; becauſe the fluid which conſti-
tutes its elaſticity has not time to eſcape.   Wood, braſs,
and ſteel, reſiſt, but in the end give way.   This effeƈt is
probably the ſame with that which the *humor* produces
in the bodies it penetrates, which by degrees likewiſe
take the habit of their ſtate; and this ſo much the more

as

---

le moins élaſtique de tous les métaux, y eſt encore beaucoup plus ſujet que le
léton, comme je l'ai vu dans mon Thermomètre fait de cette matière. D'ailleurs
cela me paroit rentrer abſolument dans ce phénomène ſi général; que moins les
matières ont d'élaſticité, moins il faut de tems pour leur faire contraƈter le pli
qu'on leur donne: le plomb le prend dans l'inſtant; le verre ne le prend jamais;
une balle de mie de pain, qu'on façonne ſi aiſément entre ſes doigts, conſerve ſa
forme en bondiſſant, quand on la jette avec violence contre une ſurface unie,
parce que le fluide qui fait ſon élaſticité n'a pas le tems de s'échapper; le bois,
le léton, l'acier, reſiſtent, mais enfin ſe rendent.   Cet effet eſt probablement le
même que celui que produit *l'humor* dans les corps qu'elle pènètre, auxquels
nous voyons auſſi prendre peu à peu l'habitude de leur état, et d'autant plus

qu'ils

as they are lefs elaftic: this is what made me chufe to make my Hygrometer of ivory, as I have already faid in my paper on that fubject.

If this conjecture upon the effects of heat in bodies which have little elafticity be grounded, as I think it is, clocks would gain fome more regularity, if in the compofition of their pendulum, glafs were ufed inftead of fteel, and bell-metal inftead of brafs; for thefe two fubftances being the moft elaftic we are acquainted with, by uniting them we fhould be much furer of preferving the fame length of the pendulum in the variations of the heat.

There would be another fmall advantage in making ufe of thefe fubftances, which is, that bell or mirrour metal, having the fame expanfibility as brafs, as Mr. SMEATON has demonftrated by his experiments, and glafs

having

---

qu'ils font moins élaftiques. C'eft ce qui m'a fait choifir l'yvoire pour l'Hygro-mètre, comme je l'ai dit dans mon mémoire fur cet inftrument.

Si cette conjecture fur les effets de la chaleur dans les corps peu élaftiques, eft fondée, comme elle me paroit l'être, il y auroit quelque chofe à gagner pour la régularité des pendules, à employer le verre au lieu de l'acier, et le métal de cloche en place du léton, dans la compofition de la verge de leur pendule. Car ces deux matières étant les plus élaftiques que nous connoiffions, nous ferions bien plus fûrs de conferver par leur combinaifon, une même longueur au pendule dans les variations de la chaleur.

On auroit encore ce petit avantage en employant ces matières, que le métal de cloche ou celui des miroirs ayant la même expanfibilité que le léton, comme Mr. SMEATON l'a trouvé par fes expériences, et le verre en ayant moins que

l'acier,

having lefs than fteel, the grid-iron would be fhorter or more fimple.

The proportion of the dilatations of brafs and fteel, being only as five to three, it is impoffible to compenfate the dilatation of the fteel by a fingle rod of brafs; for as there muft be a fecond rod of fteel to go downwards again, there will be two lengths of fteel for one of brafs, for which a proportion in the dilatation of fix to three, or two to one, would not even fuffice. One is therefore obliged to have a fecond rod of brafs, which goes upwards, by which means the grid-iron comes to be compofed of nine rods, the two afcending pairs of which are brafs. Thus then the lens, which is always very heavy, is born by the top of one of the pairs of the rods, which, through the medium of a pair of rods of fteel, are themfelves fupported on the top of the other pair of the rods

of

Le rapport des dilatations du léton et de l'acier étant feulement de 5 à 3, il eft impoffible de compenfer la dilatation de l'acier par un feul retour du léton de bas en haut. Car comme il faut enfuite une autre branche d'acier qui redefcende pour porter la lentille, on a deux longueurs d'acier pour une de léton; à quoi un rapport des dilatations de 6 à 3 ou 2 à 1 ne pourroit pas même fuffire: je ne m'arrêterai pas à le montrer. On eft donc obligé de faire remonter une feconde fois le léton; et c'eft par cette raifon que la grille eft compofée de 9 branches, dont 2 paires montantes font de léton. Ainfi la lentille, qui eft toûjours d'un affez grand poids, eft portée par le haut de l'une des paires, qui, elle même, par l'entremife d'une paire de branches d'acier, pèfe fur le haut de l'autre paire de branches de léton.

of brafs. Now there muft be fome flexion in thefe rods
of brafs during the ofcillations of the pendulum, in
which the lens acquires a fmall centrifugal force from
the end of one vibration to the other, and thus weighs
differently upon the rods. Befides, this neceffity of turning back twice, increafes the total length of the rods, and
confequently all the caufes of irregularity. On the contrary, by making ufe of bell-metal and glafs, the dilatations of which are as feven to three, a fingle pair of
rods of the former, will be fufficient to compenfate the
dilatations of the glafs rods; confequently the grid-
iron may either be fhorter, or made up only of five
rods, a pair of glafs ones defcending on the outfide,
a pair of bell-metal ones afcending on the infide, and a
glafs rod defcending at the center, and carrying the lens.

This

---

léton. Or il doit y avoir quelque flexion dans ces branches de léton par les
ofcillations du pendule; la lentille acquerant un peu de force centrifuge d'une
extrémité à l'autre de chaque excurfion, et pefant ainfi différemment fur les
branches. D'ailleurs cette néceffité de retourner deux fois en arrière, augmente
la longueur totale des branches, et par conféquent elle augmente toutes les
caufes d'irrégularité. Aulieu qu'en employant le métal de cloche et le verre,
dont les dilatations font comme 7 à 3, une feule paire de branches du premier,
fuffira pour compenfer la dilatation des branches de verre. La grille pourra
donc être ou plus courte, ou compofée feulement de 5 branches: une paire de
verre defcendantes à l'extérieur, une paire de métal de cloche montantes en
dedans, et une branche de verre defcendante au centre pour porter la lentille.

This diminution of the total length of the rods, and that of the flexion, muſt contribute to increaſe the regularity of the pendulum, independently of the greater regularity of the expanſion of the ſubſtances themſelves.

As I have begun this digreſſion upon an object ſo eſſential to clock-making, I ſhall obſerve farther, that the experiments I am ſpeaking of are applicable to it in another reſpect, which ſeems to me of ſome importance. Subſtances of the ſame denomination are not homogeneous enough for us to conclude, that what has been found in the one, with reſpect to their very delicate properties, will always be exactly the ſame in the other: and that, for inſtance, the lengthening of a certain rod of braſs by heat, is an indication that every rod of braſs will have preciſely the ſame lengthening. My opinion therefore

---

tille. Cette diminution de longueur totale des branches, et celle de la flexion, ne peuvent qu' augmenter la régularité du pendule, indépendamment de la plus grande régularité de l'expanſion des matières mêmes.

Puiſque j'ai commencé une digreſſion ſur cet objet eſſentiel à l'horlogerie, je ferai encore remarquer ici, que les expériences dont je parle lui ſont applicables à un autre égard qui me paroit de quelque importance. Les matières qui portent le même nom, ne ſont pas aſſez homogènes, pour que dans leurs propriètès délicates nous puiſſions conclure, de ce que nous avons trouvé dans une, qu'il en ſera exactement de même de toutes celles qui ont la même dénomination ; et qu'ainſi par exemple, l'allongement d'une certaine branche de léton par la chaleur, nous indique l'allongement de tout léton par cette cauſe. Je crois

therefore is, that it would be of some advantage, if, upon every pendulum intended for very delicate obfervations, there were made the experiment of the comparative lengthening of the fubftances which compofe it; marking the center of ofcillation upon the lens by the known methods, and pointing a Microfcope upon this center whilft the heat is made to vary.

By ufing for thefe pendulums glafs and bell-metal, the firft of which is not at all affected by water, and the other very little (which little might even be prevented by varnifhing it) it would be eafy to obferve the effects of the heat upon them in water, by means of a tin veffel, having a glafs facing the center of ofcillation. By pouring water of different temperatures into this veffel, whilft the Microfcope remains pointed to that center, one would difcover, in the fureft and fhorteft manner, that combination

nation

donc qu'on obtiendroit plus d'exactitude fi l'on faifoit immédiatement fur chaque pendule deftiné à des obfervations délicates, l'expérience de l'allongement comparatif des matières qui le compofent, en marquant fur la lentille, par les méthodes connues, le centre d'ofcillation, et pointant un Microfcope fur ce centre, tandis qu'on feroit varier la chaleur.

En employant à ces pendules le verre et le métal de cloche, dont le prémier n'eft point affecté par l'eau, et l'autre l'eft très peu, et pourroit même être verniffé, il feroit aifé encore d'y obferver les effets de la chaleur dans l'eau, au moyen d'une caiffe de fer blanc, qui auroit une glace vis à vis du centre d'ofcillation. En y verfant de l'eau à diverfes températures tandis que le Microfcope feroit pointé fur ce centre, on trouveroit de la manière la plus fure et la plus

nation of the two fubftances, which would preferve the fame length to the pendulum between two determined temperatures.

To make this ftill eafier, it would be poffible to conftruct the grid-iron in fuch a manner as that its corrective rods being fixed by fcrews, the proportions of their lengths might be changed, till the bell-metal perfectly compenfate for the lengthening of the glafs between the two fixed temperatures, of which I fhall fpeak hereafter. For there would be nothing to correct by this method, but the difference of expanfibilities of the fubftances employed, comparatively with the mean expanfibility of fubftances of the fame denomination, which would have been firft difcovered by experiments made for that purpofe. I fhall refume hereafter this correction of the pendulum,

---

courte, la combinaifon des deux matières qui conferveroit fenfiblement au pendule, une même longueur dans des variations déterminées de température.

Pour rendre ce moyen plus commode, on pourroit aifément conftruire la grille de manière, que fes branches correctives étant retenues dans leurs traverfes par des vis, on pût changer les rapports de leurs longueurs, jufqu'à ce que le métal de cloche compenfât parfaitement l'allongement du verre entre les deux températures fixées, dont je parlerai ci-après. Car on n'auroit à corriger par cette méthode, que les différences d'expanfibilité des matières employées, comparativement à l'expanfibilité moyenne des matières de même nom, qu'on auroit trouvée prémièrement par des expériences faites à ce deffein. Je reviendrai dans la fuite

à cette

dulum, in order to confider it in a point of view ftill
more important.

I now return to the comparative dilatations of glafs
and brafs; I mean to the experiments which I made
in order to determine at what heighth of the lamella of
brafs the point was, which fhould remain unmoved by
the variations of heat.

Thefe experiments, notwithftanding all my pains,
turned out furprizingly irregular; and it was neceffary
to make a great number of them, to arrive at any degree
of probability.   In the firft place, the duration of the
operations made the brafs take, what I have named, the
habit of its ftate, which prevented it from returning
exactly to that in which it was at the fame degree of
heat:

à cette correction du pendule, pour la confidérer fous une face plus importante
encore.

Je reviens aux dilatations comparatives du verre et du léton; c'eft à dire à
ces expériences par lefquelles je cherchois à déterminer à quelle hauteur fur la
lame de léton fe trouveroit le point qui refteroit immobile par les variations de
la chaleur.

Malgré tous les foins que je pris, ces expériences fe trouvèrent d'une irrégularité furprenante; et il fallut en faire un bien grand nombre pour arriver à des
réfultats un peu probables.   D'abord, la longueur des opérations faifoit toujours
prendre au léton ce que j'ai appellé l'habitude de fon état; ce qui l'empêchoit
de revenir exactement à celui où il étoit auparavant par le même degré de chaleur.

heat[d]: the quicker, however, the returns, the more regular they were; it will be therefore only from such as were quick that I shall hereafter deduce my conclusions.

Another difficulty I met with in my experiments arose from the difference of the effect of the different changes of the temperature. When I suddenly changed the temperature of the water from 10° to 70° of the Thermometer to which I have given the name of *common* in my work upon the Modifications of the Atmosphere (which answer to 54°½ and 189½ of FAHRENHEIT) a somewhat less length of brass was wanted to compensate the dilatation of the glass, than when I increased the heat less; as,

(d) Since the writing of this I have been told, that the same phenomenon is observed in the correcting Thermometer of watches; and that it produces irregularities which are in an increasing progreſſion.

for

---

leur (d). Quand ces retours étoient prompts ils étoient plus réguliers. Ce ne sera donc que de celles de mes observations qui furent promptes, que je tirerai ci-après les résultats probables.

Un autre embarras que j'éprouvai dans ces expériences, provint de la différence d'effet des changemens différens de température. Quand je portois tout à coup la température de mon eau de 10° à 70° du Thermomètre que j'ai appellé *commun* dans mon ouvrage sur les Modifications de l'Atmosphére, et qui correspondent à 54°½ et 189°½ de FAHRENHEIT, il me failloit une longueur un peu moindre de léton pour compenser la dilatation du verre, que lorsque j'augmentois moins la

(d) J'ai appris depuis que j'ai écrit ceci, qu'on remarque ce phénomène dans les Thermomètres correcteurs des montres, et qu'il y cause des irrégularités croiſſantes.

chaleur,

for inftance, from 10° to 40°, to which, however, I li-
mited myfelf for a reafon I will foon mention.

The more I approached the heat of boiling water in
warming the water in my experiment, the nearer I came
to the proportion found by Mr. SMEATON between the
lengthenings of thefe two bodies by heat; which he has
fixed between glafs and brafs wires (which anfwers to
my milled brafs) as 100 to 232. I had a point upon
my lamella of brafs which anfwered to this proportion;
that is, the lengths of the brafs and glafs were at that
point in an inverfe ratio of thefe numbers; and this point
did not change fenfibly when, inftead of water of 10°, I
fubftituted water which I poured boiling into my bottle,
and which brought the Thermometer to 74° or 76°. But
when I only encreafed the heat to 40°, this length of
brafs

---

chaleur, comme par exemple de 10° à 40°, à quoi je me bornai par la raifon que
j'indiquerai.

   Plus j'approchois de la chaleur de l'eau bouillante en échauffant mon eau, plus
je me rapprochois du rapport qu'a trouvé Mr. SMEATON entre les allongemens
de ces deux corps par la chaleur, qu'il a fixé, entre le verre e: du léton tiré à la
filiére (qui répond à mon léton laminé) comme 100 à 232. J'avois un point
fur ma lame de léton, qui correfpondoit à ce rapport; c'eft à dire que les longueurs du léton et du verre y étoient en raifon inver'e de ces nombres; et ce
point ne changeoit pas fenfiblement de hauteur, quand je fubftituois à l'eau de
10°, de l'eau que je verfois bouillante dans ma bouteille, et qui portoit le Thermomètre à 74° ou 76°. Mais lorfque je n'augmentois la chaleur que jufqu'à 40°,
                                                                        cette

brafs was not fufficient; the point infenfibly funk: I fpeak of the greateft number of experiments, for there were fome contrary ones.

Thefe uncertainties recalled my attention to the particular object on account of which I had undertaken my experiments; I mean my new Hygrometer, on which, in order to compenfate the effect of heat upon glafs, it was neceffary to produce this compenfation in the natural variations of the temperature of the air. I therefore confined myfelf within thefe limits; not indeed precifely within the fame temperatures, which feemed too difficult, though it would have been better; but between temperatures nearly equally different.

I will not give a minute account of thefe experiments; be it fufficient to fay, that from the difference of tempe-

rature

---

cette longueur de léton ne fuffifoit pas; le point baiffoit fenfiblement. Je parle du plus grand nombre des expériences; car il y en eut quelquefois de contraires.

Voyant ces incertitudes, je tournai mon attention fur l'objet particulier pour lequel j'avois entrepris ces expériences; c'eft-à-dire mon nouvel Hygromètre, où, pour compenfer l'effet de la chaleur fur le verre, je n'avois befoin de produire cette compenfation que dans les variations naturelles de la température de l'air. Je me renfermai donc dans cet efpace; non précifément entre les mêmes températures, ce qui me parut trop difficile, quoique c'eût été le mieux; mais entre des températures à peu près également différentes.

Je ne rendrai pas compte ici du détail de ces expériences; il fuffira de dire, que par la différence de température entre 10° et 40° de mon Thermomètre, le

rapport

rature between 10° and 40° of my Thermometer, the mean proportions of the dilatations of the brafs and glafs were as 21 to 10; confequently, I had need of a length of brafs which fhould be to that of the glafs in my Hygrometer as 10 to 21, in order to make up for the dilatability of its frame; whereas it needed to have been from 10 to 23 in the tranfition from water in ice to boiling water.

I do not give this latter proportion as being equally to be depended upon as the other; but it is fufficient that there be really a difference between the two, to ground the general reflexions I fhall make, after having previoufly noticed another difference of the fame kind which I have found by means of this Pyrometer.

But before I mention thefe new experiments, I will beftow another moment upon thofe which relate to the

compa-

---

rapport moyen des dilatations du léton et du verre fut comme 21 à 10; et que par conféquent j'avois befoin d'une longueur de léton qui fût à celle du verre dans mon Hygromètre, comme 10 à 21, pour compenfer la dilatabilité de fa monture; au lieu qu'il l'auroit fallu de 10 à 23 dans le paffage de l'eau dans la glace à l'eau bouillante.

Je ne donne pas ce dernier rapport comme auffi fûr que l'autre; mais il fuffit qu'il y ait certainement une différence entre les deux, pour fonder les réflexions générales aux quelles je viendrai, après avoir expliqué une autre différence du même genre que j'ai trouvée au moyen de ce Pyromètre.

Mais avant que de rapporter ces nouvelles expériences, je m'arrêterai encore un moment fur celles qui regardent les expanfibilités comparatives, ou les rapport
entre

comparative expanfibilities, or the proportion there is between the expanfibilities of bodies, which feem to me by this method to be reduced to an operation as fimple as it is conclufive.

Firft, with refpect to the frame of my Pyrometer, however rude it be, I have hitherto difcovered no defect in it. A point of fufpenfion of the rods which preferves throughout the experiment its relative pofition to the Microfcope, is the eafieft thing to obtain by means of this deal frame, which is not fenfibly affected by the fmall changes in the air, and is expofed to no other variation: and this is a great point gained when it is confidered, that hitherto frames had a fenfible effect upon the indications of the Pyrometers; and that all that could be done, was to endeavour to obviate this influence.

Again,

---

entre les expanfibilités des corps, qui me paroiffent reduites par cette route à une opération auffi fimple que fure.

D'abord quant à la monture de mon Pyromètre, quelque groffière qu'elle foit, je n'y ai trouvé jufqu'à prefent aucun défaut. Un point de fufpenfion des branches, qui conferve pendant l'expérience fa pofition relative à celle du Microfcope, eft la chofe la plus aifée à obtenir par cette monture de fapin; les petits changemens de l'air ne l'affectant point fenfiblement, et n'étant expofée à aucune autre caufe de variation. Or c'eft là un grand point d'obtenu, quand on confidère que jufqu' ici les montures influoient toûjours effentiellement fur les indications des Pyromètres, et que tout ce qu'on pouvoit faire, étoit de chercher à en corriger les effets.

Again, measurement will itself always be an occasion
of error more or less considerable in physics, because
our Micrometers are all imperfect.   It is true, indeed,
that we are daily improving them, and with great rea-
son, since we are obliged to measure almost every where;
but it is not less true, that, not to be obliged to measure, is
a great additional security. Now by this method there
is no necessity for measuring: all one wants is, to find
a point upon the rods of different substances thus sus-
pended, which neither rises nor falls when the temperature of the water is changed; and it is sufficient for this
purpose, that the Microscope do not vary during the ob-
servation.

As to the measure of the lengths of the rods, whose
expansions compensate each other at this point, all
possible errors in this respect are hitherto of no import.

                                                    We

Ensuite, mesurer, sera toûjours en physique une occasion d'erreurs plus ou
moins grande; parceque nos Micromètres sont tous imparfaits.   On les per-
fectionne tous les jours d'avantage; et il le faut bien, puisque nous sommes
obligés de mesurer presque partout; mais il n'en est pas moins vrai, qu'être
dispensé de mesurer est une grande sureté de plus.   Or on l'est totalement par
cette méthode.   Trouver sur l'une des branches de matières différentes ainsi sus-
pendues, un point qui ne s'élève ni ne s'abaisse en changeant la température de
l'eau, est tout ce dont on a besoin; et il suffit pour cela que le Microscope ne
varie pas tandis qu'on observe.

Quant à la mesure de la longueur des branches dont les expansions se compen-
sent à ce point, c'est un objet sur lequel les erreurs possibles ne sont encore d'au-

We are very far from being able to perceive, in the quantities of expansions, those differences which might arise from the imperfection of this measure.

One may take therefore a rod of some substance, glass for instance, and put at the end of it a convenient clasp for holding other rods of different substances: thus, by separately comparing their expansions with that of the rod of glass, by the position of the immoveable point, one will obtain the proportion of their expansibility with that of glass, and consequently with each other.

Nor may solids only be subjected to these experiments, but fluids also: for by enclosing them in a cylindrical tube of glass, the expansibility of which is known, they will be as rods, which may be thus submitted to the same

experi-

---

cune conséquence. Nous sommes bien loin de pouvoir reconnoitre dans les quantités des expansions, les différences qui pourroient resulter de l'imperfection de cette mesure.

On pourra donc avoir une branche d'une certaine matière, de verre par exemple, à l'un des bouts de laquelle on aura ajusté une pince commode, pour y fixer d'autres branches de diverses matières: et comparant ainsi séparément leur expansion avec celle de la branche de verre, par la position du point immobile, on aura les rapports de leur expansibilité avec celle du verre, et par conséquent entre elles.

Ce ne sera pas seulement les solides qu'on pourra soumettre à ces expériences; mais les fluides. Car en les renfermant dans un tuyau de verre cylindrique, dont l'expansibilité soit connue, on en fera comme des branches, qu'on pourra ainsi

I i i 2   soumettre

experiments, by means of a small opaque body floating at the top of them, and to which the Microscope may be pointed. I do not, however, insist upon this application of the machine; since the expansion of liquids may be observed in vases, the dimensions of which are known, by joining cylindrical tubes to them, which render their expansions much more sensible. I shall only observe, that from the knowledge of the dilatability of the tube, one should not reduce its capacity to what it would be if the glass did not dilate itself, as is done with respect to vases in order to know the true change in the volume of liquids contained in them; but that, on the contrary, we should here suppose the dilatation of glass greater than it is, and as it would be if it had the same expansibility as the liquid; and then diminish according to that proportion

portion

---

foumettre aux mêmes expériences, en faifant flotter un petit corps opaque à leur furface, pour y pointer le Microfcope. Cependant je n'infifte pas fur cette application de la machine; parceque les expanfions des liquides peuvent être obfervées dans des vafes dont on connoit la capacité, en y joignant des tubes cylindriques; ce qui rend leur expanfion beaucoup plus fenfible. Je remarquerai donc feulement: qu'il ne faudroit pas, d'après la connoiffance de la dilatabilité de la matière du tuyau, réduire par le calcul fa capacité, à ce qu'elle feroit fi le verre ne fe dilatoit point, comme on le fait à l'égard des vafes pour connoitre le changement réel du volume des liquides qu'ils contiennent; mais qu'au contraire il faudroit ici fuppofer cette capacité plus grande, en la portant à ce qu'elle feroit, fi le verre avoit la même expanfibilité que le liquide; et diminuer dans cette proportion l'allongement

portion the obferved lengthening of the latter: for in comparing the expanfion of a fluid with that of a folid, we muft take notice, that we meafure the change of bulk of the latter, according to one of its three dimen-fions only, for which reafon the fluid muft be brought to the fame predicament.

Air might alfo be fubjeƈted to thefe experiments by enclofing it in a glafs tube by means of a fmall column of quickfilver. But I cannot help being of opinion, that all experiments made on air enclofed, will be found in-accurate, when applied to the air in general. The expanfibility of air by heat varies exceedingly, according to its greater or lefs degree of humidity; and I know from experience, how difficult it is to enclofe in a tube, air of a determinate drynefs: but if it is more humid than its

mean

---

l'allongement obfervé de celui-ci. Car pour comparer l'expanfion d'un fluide à celle d'un folide, il faut avoir égard à ce que nous ne mefurons le changement de volume de ces derniers que fuivant une feule de leurs trois dimenfions, et que par conféquent il faut reduire le fluide au même cas.

On pourroit auffi foumettre l'air à ces mêmes expériences, en le renfermant dans le tube de verre par une petite colonne de mercure. Mais je ne puis m'em-pécher de croire que les experiences fur l'air renfermé feront toûjours inexaƈtes quand on les appliquera à l'air en général. L'expanfibilité de l'air par la cha-leur varie beaucoup, fuivant qu'il eft plus ou moins humide; et je fais par expé-rience, qu'il eft bien difficile de renfermer dans un tube, de l'air d'une féchereffe

déterminée.

mean ſtate in the atmoſphere, its expanſibility by heat will be greater.

It is not impoſſible that this may be the reaſon why Colonel ROY and Sir GEORGE SHUCKBURG found a greater expanſibility in the air encloſed in their Manometers than what I deduced from my obſervations in the open air. The bare difference there is between the air of London and that of the mountains of Switzerland may be ſufficient to account for this effect. I believe, indeed, that the differences of humidity will be cauſes of error in the Barometrical meaſures of heights, ſo long as theſe differences ſhall not enter into the formulæ; and it was this conſideration which firſt led me to think of an Hygrometer[e].

(e) I ſhall return to this object, and treat it more particularly, in a paper upon Refractions, of which I ſhall ſpeak hereafter.

As

---

détermineé. Or s'il eſt plus humide que ſon état moyen dans l'atmoſphère, ſon expanſibilité par la chaleur ſera plus grande.

Il n'eſt pas impoſſible que ce ne ſoit là la raiſon pour laquelle Mᵣ le Col. ROY et Mᵣ le Chev. SHUCKBURGH ont trouvé à l'air renfermé dans leurs Manomètres, une expanſibilité plus grande que celle que j'ai déduite de mes obſervations dans l'air libre; la différence peut-être de l'air de Londres et de celui qui environne les montagnes de la Suiſſe, peut produire cet effet: je crois même que les différences d'humidité feront des cauſes d'écarts dans les meſures Barométriques des hauteurs, tant qu'on ne pourra pas faire entrer ces différences dans les formules : c'eſt le prémier motif qui m'a fait chercher un Hygromètre (e).

(e) Je reviendrai à cet objet pour le traiter plus particulièrement, dans un mémoire ſur les Réfractions dont je parlerai ci-après.

Quant

As to the differences of the conclusions drawn from these gentlemen's experiments and mine made in the open air, though they be conformable to the above-mentioned difference, they may yet arise from another cause. I always observed the temperature of the air with my Thermometer in open air, and in the Sun when it shone; whereas they observed in the shade. As often then as I found the air warmer in the Sun, than I should have found it in the shade, which was almost always the case, especially in the plain, I did not stand in need of as great a correction as those gentlemen for each degree of the Thermometer; since in the same circumstances the degrees were more numerous in my observations than in theirs, and consequently, with a less correction for each degree, my whole correction was equal to theirs. I will add, that I

did.

Quant aux différences des réfultats des expériences de ces Meffieurs et des miennes dans l'air libre, quoique conformes à la différence précédente, elles pourroient bien venir d'une autre caufe. J'obfervois toûjours la température de l'air avec mon Thermomètre à boule ifolée, en plein air, et au foleil quand il lui-foit; au lieu qu'ils l'obfervoient à l'ombre. Si donc je trouvois l'air plus chaud au foleil, que je ne l'aurois trouvé à l'ombre, ce qui étoit prefque toûjours le cas, furtout à la plaine, je n'avois pas befoin d'une fi grande correction que ces Meffieurs pour chaque degré du Thermomètre, puifqu'ils étoient plus nombreux dans mes obfervations que dans les leurs par les mêmes circonftances; et qu'ainfi, avec une moindre correction pour chaque dégré, j'avois une correction totale auffi grande. J'ajouterai, que je n'ai pas trouvé que les rayons directs du foleil

did not find that the direct rays of the Sun heated irregularly the glafs of the ball of a Thermometer when clean, which may be eafily feen by looking at the experiment mentioned in p. 56, 57. of the fecond volume of my work.: confequently, when thefe direct rays act upon the air, it is a caufe of heat which fhould not be neglected.

I am ftill therefore of opinion, that it is better to obferve the Thermometer in the Sun than in the fhade; and that the correction for the heat of the air may ftand fuch as this method of obferving requires it. There are always acting caufes enough in the column of air weighing upon the inferior Barometer; which cannot be known in the fuperior ftation, for us not to neglect any of the ordinary caufes which may be perceived.

It

---

foleil échauffaffent irrégulièrement le verre bien net de la boule d'un Thermomètre; ce qu'on pourra voir aifément par l'expérience rapportée aux p. 56 et 57 du fecond volume de mon ouvrage: et ainfi quand ces rayons directs agiffent fur l'air, c'eft une caufe de chaleur qui ne me femble pas devoir être négligée.

Je crois donc toûjours qu'il convient mieux d'obferver le Thermomètre au foleil qu'à l'ombre, et de laiffer la correction pour la chaleur de l'air proportionnée à cette méthode. Il refte toûjours affez de caufes agiffantes dans la colonne d'air qui pèfe immédiatement fur le Baromètre inférieur, qu'on ne peut pas connoitre à la ftation fupérieure, pour qu'on ne doive négliger aucune des caufes communes qui font faififfables.

It is therefore probable, that had I obferved in the fame places as thefe gentlemen with my Barometer, expofing at the fame time my Thermometer to the Sun, I fhould have found the real height as well as they, without changing my rule; which already appears, I think, from my having derived it from experiments made in the fame place where Sir GEORGE SHUCKBURGH has made his. principal obfervations.

I will only add, that if, in the different opportunities I have had of trying my rule fince it is fixed, it had conftantly given me the heights too fmall, as thofe gentlemen have found it, even confidering what is above ftated, I fhould have fufpected with Colonel ROY, that I ought not to have taken out from the obfervations from which I have concluded my rule, thofe which I

made

Il eft donc affez probable, que fi j'avois obfervé dans les mêmes lieux que ces Meffieurs avec mon Baromètre, et en expofant mon Thermomètre au foleil, j'aurois trouvé comme eux les hauteurs réelles, fans changer ma règle : et c'eft ce qui paroit déja, ce me femble, de ce que je l'ai conclue d'expériences faites dans le même lieu où M^r le Chev. SHUCKBURGH a fait fes principales obfervations.

J'ajouterai feulement, que fi dans les diverfes occafions que j'ai eues d'éprouver cette règle depuis qu'elle eft fixée, elle m'avoit donné conftamment les hauteurs un peu trop petites, comme il refulteroit des expériences de ces Meffieurs, même en ayant égard aux confiderations ci-deffus, j'aurois foupçonné alors avec M^r le Col. ROY, que je n'aurois pas dû retrancher du nombre des obfervations dont j'ai tiré ma régle, celles que j'avois faites au lever du foleil, qui toutes donnent

made at Sun-rife; all which, according to this rule, give
the heights too fmall.   For it would then appear,.that it
is owing to accident alone that the exceptions of this kind
happen to be at that precife time. of day; that they are
deviations which are ftill to be expected,till more circum-
ftances have been taken notice of in.the obfervations, and
new equations.are introduced in the formula; and that
having admitted the exceptions on the contrary fide, I
ought to have left thofe in the bulk of my obfervations,
before I deduced the mean laws from them, which would
have brought me nigher to the conclufions drawn from Sir
GEORGE SHUCKBURGH's and Colonel ROY's obfervations.

The late Mr. DE LA CONDAMINE, one of thofe rare
men who take an intereft in the labours of their friends,
was already of this opinion; and I fhould have made ufe
of it, had not my tables been already calculated.   However,

---

les hauteurs trop petites fuivant cette règle. Car il paroitroit en ce cas, que ce
n'eft qu' accidentellement que les exceptions dans ce fens là fe rencontrent à ce
moment du jour; que ce font des écarts auxquels on doit encore s'attendre,
jufqu'à ce qu'on aît embraffé plus de circonftances dans les obfervations, et de
nouvelles équations dans la formule; et qu'ayant admis les exceptions contraires,
je devois laiffer celles là dans l'enfemble de mes obfervations, avant d'en déduire
les loix moyennes: ce qui m'auroit rapproché d'avantage des réfultats des obfervations de M^r le Col. ROY et de M^r le Chev. SHUCKBURGH.

Feu M^r DE LA CONDAMINE, l'un de ces hommes rares qui favent s'intéreffer
aux travaux de leurs amis, m'avoit déja fait faire cette réflexion; et j'y aurois
eu

ever, I did not find afterwards any neceffity for it by my own obfervations.

Here then is a new fubject of inveftigation, and confequently thofe gentlemen's obfervations are exceedingly interefting, fince they will engage natural philofophers not to give up this object till it is entirely cleared up.

I return to my idea of enclofing bodies in tubes of glafs, only to obferve that it will be abfolutely neceffary to make ufe of this method, in the experiments upon the expanfion of bodies affected by humidity, as well as by heat, for thofe cannot be expofed naked to the heat of the water. Woods, therefore, may be compared either with one another, or with metals, by enclofing them in glafs tubes. Some difficulties I met with from the vapours which form themfelves in heated tubes; one of the

---

eu egard fi mes tables n'avoient été toutes calculées. Cependant dès lors je n'en ai pas apperçu le befoin par mes propres obfervations.

Voila donc un nouvel objet d'examen; et par conféquent les obfervations de ces Meffieurs font très intéreffantes; puis qu'elles engageront les phyficiens à ne pas abandonner cet objet, jufqu'à ce qu'il foit éclairci.

Je reviens à l'idée de renfermer les corps dans des tubes de verre, pour ajouter feulement, qu'il fera indifpenfable d'employer ce moyen, lors qu'on voudra foumettre à ces expériences des corps que l'humidité affecte auffi bien que la chaleur: car ceux là ne peuvent pas être expofés nuds à la chaleur de l'eau. On pourra donc par exemple comparer les bois entr'eux ou avec les métaux, en les renfermant dans des tubes de verre. Quelques difficultés que j'ai éprouvées, à caufe des vapeurs qui fe forment dans les tubes échauffés, et qui font une de mes raifons

the reafons why I fufpect the experiments made upon air in Manometers, has obliged me to fufpend the experiments I had undertaken upon the expanfion of woods.

This method of finding the relative expanfibilities of bodies may eafily be turned into a method of finding their abfolute expanfibilities: for if one knows with certainty the expanfibility of the rod of glafs to which all the other bodies are compared; by means of that, one will come to the knowledge of the abfolute expanfibility of all thefe bodies.

The point then would be to give all poffible attention, and ufe all the refources of art, to the determining the expanfibility of this rod of glafs; and this one may hope to arrive at by this fame machine, as I fhall fhew by the following account of my firft trial.

Effay

---

de fufpecter les expériences faites fur l'air dans les Manomètres, m'ont obligé de fufpendre celles que j'avois entreprifes fur l'expanfion des bois.

Cette méthode de trouver les expanfibilités rélatives des corps, peut encore être changée aifément en une méthode de trouver leurs expanfibilités abfolues. Car fi l'on connoit par exemple celle de la branche de verre à laquelle on comparera tous les autres corps, on connoitra par elle l'expanfibilité abfolue de tous ces corps.

Il ne s'agiroit donc que de concentrer fon attention, et toutes les reffources de l'art, fur la détermination de l'expanfibilité de cette branche de verre; à quoi l'on peut efpérer de réuffir avec cette même machine, comme je vais le montrer d'après un prémier effai.

Effai

Essay upon the measure of the absolute expansion of bodies
by heat.

Though I did not at first intend to make use of my instrument in the measure of absolute expansions, I could
not help making some experiments on this subject.

Besides the immoveable wire placed in the focus of
the Microscope, I had desired Mr. RAMSDEN to put in
another, moveable by a screw: I then began, first, by
seeking the value of the parts of the Micrometer, in
doing which the little scale I had traced on the lamella
of brass was again of service to me.　I had made it as
exact as I possibly could; each of its divisions was the
400th part of a French foot. The divided part of it was
　　　　　　　　　　　　　　　　　　　　three

Essai sur la mesure des expansions absolues des corps par la chaleur.

Quoique je n'eusse pas intention d'abord d'employer ma machine à mesurer des
expansions absolues, je ne laissai pas de tenter quelques expériences sur cet objet.

Outre le fil immobile placé au foyer du Microscope, j'avois demandé à M\
RAMSDEN d'en mettre un qui fût mobile, et conduit par une vis.　Je cherchai
donc d'abord la valeur des parties du Micromètre; à quoi me servit encore la
petite échelle tracée sur ma lame de léton.　Je l'avois faite aussi exactement qu'il
m'avoit été possible, et ses parties étoient des 400mes du pied de France.　Elle
　　　　　　　　　　　　　　　　　　　　　　　avoit

three French inches in length, confequently confifted of
100 of thefe parts, that were, or were fuppofed to be,
equal.

Pointing then my Microfcope at firft upon one of the
extremities of the fcale, the two wires coinciding, I
brought the moveable wire to the next point, counting
the turns of the fcrew: then conducting the immoveable
wire from one part to another of the fcale, and bringing
at every change the moveable wire to the point immediately following, I noted all thefe lengths of the parts
meafured by the Micrometer, the fmall differences of
which marked the imperfections of the fcale. The mean
of thefe 100 meafures gave me 21,333 turns of the
fcrew, for a part of my fcale, that is, for $\frac{1}{400}$th of a
French foot. This, according to the proportion of 16 to
15 between this foot and the Englifh, a proportion exact
                                                    enough

---

avoit 3 pouces de France dans la portion divifée, et par conféquent 100 de ces
parties égales, ou cenfées l'être.

   Pointant donc d'abord mon Microfcope fur l'une des extrémités de l'échelle,
tandis que les deux fils coïncidoient, j'amenai le fil mobile fur le point fuivant,
en comptant les tours de la vis; puis conduifant le fil immobile de partie en partie
de l'échelle, et amenant à chaque fois le fil mobile au point immédiatement fuivant, je notai toutes ces grandeurs des parties, mefurées par le Micromètre, dont
les petites différences marquoient les imperfections de l'échelle. Le milieu entre
ces 100 mefures me donna 21,333 tours de la vis, pour une partie de mon échelle,
c'eft à dire pour $\frac{1}{400}$ du pied de France. Ce qui, dans le rapport de 16 à 15 de ce
                                                                    pied

enough for this meafure (and perhaps very exact) makes twenty turns for $\frac{1}{400}$th of the Englifh foot, or one turn for $\frac{1}{8000}$th of a foot. One could eafily diftinguifh the effect of $\frac{1}{10}$th of a turn; confequently, the inftrument was fenfible at $\frac{1}{80000}$th of a foot, or about $\frac{1}{7000}$th of an inch.

Knowing thus the value of the parts of my Micrometer, I undertook to meafure the abfolute lengthening of my rod of glafs, which was of 1.8 Englifh inches; and from a mean of four experiments, the refult of which differed very little, I found that my rod of glafs had lengthened 7,5 turns of the fcrew of my Micrometer from the heat of 10° of my Thermometer to that of 70°.

I fhall not make any fenfible error if I augment this number of turns in the proportion of 60 to 80, in order to obtain the total expanfion which would be made by

the

---

pied à celui d'Angleterre, affez exact pour un objet de cette nature (et peut-être très exact) fait 20 tour pour $\frac{1}{400}$ du pied Anglois, ou 1 tour pour $\frac{1}{8000}$ de pied. On pouvoit diftinguer aifément l'effet d'$\frac{1}{10}$ de tour, et par confequent l'inftrument étoit fenfible à $\frac{1}{80000}$ de pied, ou environ $\frac{1}{7000}$ de pouce.

Connoiffant la valeur des parties de mon Micromètre, j'entrepris de mefurer l'allongement abfolu de ma branche de verre, qui avoit 18 pouces anglois: et par un milieu entre quatre expériences, dont les réfultats différèrent très peu, je trouvai que, de la chaleur de 10° fur mon Thermomètre à celle de 70°, ma branche de verre s'étoit allongée de 7,5 tours de la vis du Micromètre.

Je ne ferai pas une erreur fenfible en augmentant ce nombre de tours dans le rapport de 60 à 80, pour avoir l'expanfion totale qui fe feroit faite par le paffage de l'eau dans la glace à l'eau bouillante, foit de 0 à 80°, malgré la confidération

de

the paſſage of water in ice to boiling water, that is, from
o to 80° upon my Thermometer, notwithſtanding the
conſideration of the different progreſs of quickſilver and
glaſs in their expanſions by heat, which I ſhall ſpeak of
hereafter; becauſe the two terms of the obſervation,
10° and 70°, are equi-diſtant from the two fixed points
of the Thermometer. I ſhall have then a third part to
add to the number of turns for the expanſion of 18
inches of glaſs paſſing from the heat of water in ice to
that of boiling water, which will make 10 turns, or $6\frac{2}{3}$
for the expanſion of one foot.

One turn of the ſcrew being equal to $\frac{1}{8000}$th of a foot,
$6\frac{2}{3}$ make $\frac{6\frac{2}{3}}{8000} = \frac{1}{1200}$th of a foot $= \frac{1}{100}$th of an inch in one
foot. Now this is preciſely what had been found by
Mr. SMEATON. However, this ſingular conformity may
be

---

de la différence des marches du mercure et du verre dans leurs expanſions par la
chaleur, dont je parlerai ci-après: parce que les deux termes de l'obſervation,
qui ſont 10° et 70°, ſe trouvent à égale diſtance de ces deux points fixes du Thermomètre. J'aurai donc un tiers à ajouter au nombre des tours, pour l'expanſion de 18 pouces de verre, paſſans de la chaleur de l'eau dans la glace à celle de
l'eau bouillante; ce qui fera 10 tours, ou $6\frac{2}{3}$ pour l'expanſion d'1 pied.

Un tour du Micromètre étant égal à $\frac{1}{8000}$ de pied, $6\frac{2}{3}$ font $\frac{6\frac{2}{3}}{8000} = \frac{1}{1200}$ de
pied $= \frac{1}{100}$ de pouce dans 1 pied. Et voila préciſément ce que Mr SMEATON
avoit trouvé par ſes expériences. Cependant cette conformité ſingulière pourroit
bien

be only accidental; for I do not believe that all glaffes have an equal dilatability by heat. Their dilatability often appears different when they are foldered; for it is no doubt owing to that, that the parts which are united when they are melted, often feparate when they grow cold, which does not happen when the glafs is exactly the fame. It is poffible, therefore, that this apparently exact conformity was occafioned by fome compenfation, rather than by real exactnefs.

I faid before, that the irregularities I obferved, when the glafs and the brafs were combined, were not to be attributed to the glafs, and here is a proof of it. When I had adjufted the immoveable wire of my Microfcope to a fharp point which terminated my rod of glafs, the water being at the temperature of 10° of my

Thermo-

---

bien n'être qu'accidentelle; car je ne crois pas que les différens verres ayent tous une égale dilatabilité par la chaleur: on ne voit que trop fouvent quand on les foude, que leurs dilatabilités peuvent être différentes; car c'eft fans doute par là, que les parties réunies quand elles font fondues, fe féparent quelquefois en fe réfroidiffant; ce qui n'arrive pas quand c'eft exactement le même verre. Il fe pourroit donc que cette exacte conformité apparente vînt de quelque compenfation plutôt que d'une exactitude réelle.

J'ai dit ci-deffus que les irrégularités que je remarquois lorfque le verre et le léton étoient combinés, ne devoient pas être attribuées au verre; et en voici la preuve. Lorfque j'avois ajufté le fil immobile de mon Microfcope fur une pointe aigue qui terminoit ma branche de verre, tandis que l'eau étoit à la tem-

Thermometer, and that, after having heated it to 70°, I brought it back gradually to 10°, the point either returned exactly to the wire, or so near to it that I could draw no conclusion, from the small difference, against the regularity of the return of the glafs to its fame length in the fame temperature. In one of the four experiments it returned exactly; in a fecond, I wanted light indeed to obferve this laft point, but I could judge from the preceding fteps that it would be exact; in the others, the differences would have feemed to indicate, that the glafs had retained fome part of its lengthening; but the quantity was fo fmall, that even when it was real, it might be confidered as null in practice.

Glafs confequently is the fitteft fubftance to be made ufe of as the ftandard of comparifon in experiments upon the comparative dilatabilities of bodies; fince whatever

ever

---

pérature de 10° de mon Thermomètre, et qu'après l'avoir échauffée à 70° je la ramenois peu à peu à 10°, la pointe revenoit exactement au fil, ou fi près, que je n'ai pu en tirer aucune conféquence contre la régularité du retour du verre à fa même longueur dans la même température. Dans une des quatre expériences il y revint exactement; dans un autre le jour me manqua pour obferver ce dernier point, mais je pus juger par les pas précédens, qu'il feroit jufte; et dans les deux autres les différences auroient indiqué que le verre auffi avoit confervé un peu de fon allongement: mais la quantité étoit fi petite, que lors même qu'elle feroit réelle, on pourroit la regarder comme nulle dans la pratique.

Le verre eft donc la matière la plus propre à fervir de terme de comparaifon dans les expériences fur les dilatabilités comparatives des corps; puifque les irrégularités

ever irregularities there might be in the obfervations, they would certainly arife only from the bodies that may be compared to it, and might for that reafon be more eafily afcertained and determined. It has even another ufeful property for fuch a purpofe, and that is, its being one of the leaft dilatable of all bodies, from which it would almoft always happen that it fhould be the rod of glafs which would be fixed, the other being fhorter; which would prevent making any changes in the apparatus.

Glafs, as I have faid before, would likewife be an ufeful fubftance for the pendulum; fince one might depend upon the conftancy of the progrefs of its variations by heat. It is true, indeed, that its fragility would be an objection to ufing it in common clocks; but the aftronomer, accuftomed

---

larités qu'on appercevroit dans les obfervations, ne viendroient furement que des corps qui lui feroient comparés, et pourroient être par là plus aifément conftatées et déterminées. Il a même encore pour cet ufage une autre propriété utile; c'eft d'être un des moins dilatables des corps: par là il arriveroit prefque toûjours que ce feroit la branche de verre qui feroit fixée, l'autre étant plus courte; ce qui épargneroit des changemens dans l'appareil.

Le verre feroit encore, comme je l'ai déja dit, une matière précieufe pour le pendule; puis qu'on pourroit compter fur la conftance de fa marche dans les variations de la chaleur. Sa fragilité feroit fans doute une objection pour les pen
dules

accuſtomed to reſpect his clock as well as all his other inſtruments, would not be prevented by this conſideration.

This regularity of the returns of glaſs to the ſame
length by the ſame temperature in my four experiments,
is likewiſe a proof of the exactneſs of the inſtrument;
and if the value of the parts of the Micrometer was well
aſcertained, one might be ſure of the abſolute expanſion
of the glaſs I made uſe of.

I dare not yet be poſitive that this is ſo, becauſe the part
of the ſcrew which meaſured theſe expanſions is not the
ſame as that which meaſured the parts of my ſcale. But
for an experiment which it ſhould be neceſſary to make
only once, it would be eaſy to meaſure the expanſions of
the glaſs by many parts of the ſcrew, in the intervals of
thoſe turns which had ſerved to meaſure the parts of the
ſcale,

---

dules ordinaires; mais l'Aſtronome, accoutumé à reſpecter ſa pendule comme
tous ſes autres inſtrumens, ne ſera pas arrêté par cette conſidération.

Cette régularité des retours du verre à la même longueur par la même température dans mes quatre expériences, eſt auſſi une preuve de l'exactitude de l'inſtrument. Et ſi la valeur des parties du Micromètre étoit bien déterminée, on
pourroit être ſûr de l'expanſion abſolue du verre que j'employai.

Je ne puis pas l'aſſurer encore, parce que la partie de la vis qui meſura ces
expanſions, n'eſt pas la même que celle qui meſuroit les parties de mon échelle.
Mais il ſeroit aiſé, pour une expérience qu'on ne ſeroit obligé de faire qu'une
fois, de meſurer les expanſions du verre par pluſieurs parties de la vis, dans l'intervalle de ſes tours qui auroit ſervi à meſurer les parties de l'echelle, pour

prendre

fcale, in order, if the refults fhould happen to be different, to take a mean of them. In a word, for this one meafure one might ufe all the precautions that are not grudged in a fundamental experiment, though one is apt to negleƈt them in common ufe.

The expanfion of a certain rod of glafs might therefore be thus determined; and by fixing to it afterwards any other fubftance, in the manner which I have explained, one would have, by means of the immoveable wire alone, their abfolute expanfibility, free from any fenfible error occafioned from the inftrument.

Notwithftanding that the expanfions of the glafs were regular in my experiments, they did not obferve the fame progrefs as my Thermometer in their degrees. Thofe of the glafs were always increafing, or its condenfations
decreafing,

---

prendre enfuite le milieu entre les réfultats, s'ils étoient différens. En un mot on pourroit prendre dans cette mefure unique, toutes les précautions qu'on ne regrette pas dans une expérience fondamentale, mais qu'on néglige fi aifément dans l'ufage ordinaire.

On détermineroit donc aínfi l'expanfion d'une certaine branche de verre, d'après laquelle, en attachant enfuite à cette branche toute autre matière comme je l'ai expliqué, on auroit, par le fil immobile feul, leur expanfibilité abfolue exempte de toute erreur fenfible provenant de l'inftrument.

Quoique les expanfions du verre fe trouvaffent régulières dans mes expériences, elles ne fuivirent pas la marche du Thermomètre dans leurs degrés: celles du verre furent toûjours croiffantes, ou fes condenfations décroiffantes,
compa-

decreafing, comparatively, with thofe of the quickfilver in the Thermometer.

Having obferved this progrefs of the glafs very clearly in my three firft experiments, I directed the laft to the purpofe of afcertaining it, and for this reafon I made it with the greateft care. I firft of all adjufted the Micro-fcope to the point at the extremity of the glafs, the two wires coinciding, and the water being at 10°: I after-wards changed this firft water into warm water of 70°, and was obliged to move the moveable wire 7,6 turns of the fcrew to reach the point. I then cooled the water progreffively by 10° at a time, and thefe are the proportions of the condenfations of the glafs as they were marked by the moveable wire regreffively, 31, 29, 26, 24, 22, 19. Thefe are twentieth parts of the turns of the fcrew, the fum of them makes 7,6 turns, by which

comparativement à celles du mercure dans le Thermomètre.

Ayant remarqué cette marche du verre d'une manière très fenfible dans mes trois premières expériences, je dirigeai la quatrième vers le but de la déterminer, et je l'exécutai pour cela avec le plus grand foin.   J'ajuftai d'abord le Microfcope fur la pointe qui étoit à l'extrèmité du verre, les deux fils coïncidant, et l'eau étant à 10° : je changeai enfuite cette prémière eau en de l'eau chaude à 70° : et il me fallut mouvoir le fil mobile de 7,6 tours de la vis, pour attendre la pointe. Puis je réfroidis l'eau de 10° en 10°, et voici les rapports des condenfations du verre, tels que le fil mobile les indiqua en retrogradant: 31, 29, 26, 24, 22, 19. Ce font des 20ᵐᵉ de tours de la vis; leur fomme fait les 7,6 tours dont la vis

s'étoit

which the fcrew had got forward; and it is this one, of my four·experiments, in which I faid that the return of the glafs to the point from whence it had fet out was perfectly exact. Thefe numbers are fenfibly in arithmetical progreffion; but I do not pretend to infer from thence, that this is the true law obferved by the condenfations of glafs, compared with the condenfations of quickfilver equal between themfelves; to affirm that, one fhould have examined the Micrometer better. It is evident, however, that they are confiderably decreafing.

I muft mention here, why I chofe to obferve the condenfations of glafs in water fucceffively lefs heated, rather than its dilatations in water fucceffively more heated. It is becaufe by this means I brought the water with much more certainty to an uniform temperature.

If

---

s'étoit avancée; et c'eft celle de mes quatre expériences où j'ai dit, que le retour du verre à fon point de départ fut parfaitement exact. Ces nombres font fenfiblement en progreffion arithmétique; mais je ne prétends pas en conclure que ce foit là la vraie loi que fuivent les condenfations du verre, comparativement à des condenfations du mercure égales entr'elles; il faudroit pour cela avoir mieux examiné le Micromètre: cependant on voit au moins avec certitude qu'elles font confidérablement décroiffantes.

Je dois faire mention ici de la raifon pour laquelle j'ai préféré d'obferver des condenfations du verre dans l'eau fucceffivement moins chaude, plutôt que fes dilatations dans l'eau fucceffivement plus chaude. C'eft que par cette voye j'amenois beaucoup plus furement mon eau à une tempèrature uniforme.

If you pour warm water upon water that is lefs warm, whether it be that the firft, being lighter, remains at the top, or that heat defcends difficultly in water, or from both caufes united, certain it is, that there may be furprizing differences between the top and the bottom. My Thermometer, as I faid before, was hung in fuch a manner that the ball of it was near the middle of the rod of glafs. When I poured warm water flowly upon water that was lefs warm, it fometimes happened that the Thermometer did not vary till I had mixed them. I tried to convey warm water to the bottom through a pipe; but it immediately rofe: and if the Thermometer did not happen to be upon its afcending ftream, it ftill rofe very little, and it was always requifite to ftir the water before the Thermometer was fixed. On the contrary, when I poured

water

Si l'on verfe de l'eau chaude fur de l'eau moins chaude; foit que la première étant plus légère refte à la furface; foit que la chaleur defcende difficilement dans l'eau; foit par l'une et l'autre de ces caufes; il peut y avoir des différences de chaleur furprenantes entre le haut et le bas. Mon Thermomètre, comme je l'ai dit, étoit fufpendu de manière que fa boule étoit au milieu de la hauteur de la branche de verre. Quand je verfois lentement de l'eau chaude fur de l'eau moins chaude, il arrivoit quelquefois que le Thermomètre ne varioit pas jufqu'à ce que je les euffe mêlées. Je voulus effayer de porter l'eau chaude dans le fond par un tuyau; mais elle s'élevoit auffitôt: et fi le Thermométre ne fe trouvoit pas fur fon paffage, il montoit peu encore; et toûjours il falloit beaucoup agiter l'eau avant qu'il fût immobile. Au contraire lorfque je verfois l'eau moins chaude

fur

water lefs warm upon warmer water, it was fcarce neceffary to ftir the mixture: before I had done it, the Thermometer had almoft quite fallen to the point of the
mean temperature. This therefore is much the fafeft
method for all operations of this kind.　I had already
experienced it in the comparifon of Thermometers made
of different liquors, which I have mentioned in my work
above quoted.

By operating in this manner I was fure to have given
the rod of glafs the degree of heat indicated by my
Thermometer; and I repeat it, without affuring that
the numbers above written give us the true law of the
condenfations of glafs comparatively with degrees that
are equal among themfelves upon the Thermometer,
their difference is too great, and too regular not to point
out a progreffion fenfibly decreafing.　　　　Here

---

fur l'eau plus chaude, je n'avois prefque pas befoin d'agiter le mélange; avant
que je l'euffe fait, le Thermomètre avoit baiffé prefque entièrement au point de
la température moyenne.

C'eft donc la méthode la plus fure de beaucoup pour toutes les opèrations de
ce genre.　Je l'avois déja éprouvé dans la comparaifon des Thermomètres de
différentes liqueurs dont j'ai parlé dans mon ouvrage cité ci-devant.

En opérant donc de cette manière j'étois fûr d'avoir communiqué à ma
branche de verre la chaleur qu'indiquoit mon Thermomètre.　Et je le répète,
fans affurer que les nombres rapportés ci-deffus nous donnent la vraie loi des condenfations du verre, comparativement à des dégrés égaux entr'eux fur le Thermomètre, leur différence eft trop grande et trop régulière, pour ne pas indiquer
une progreffion fenfiblement décroiffante.

Here then is a fecond inftance in thefe experiments alone, of the difference there may be between the laws that follow in their progrefs different effects of the fame caufes; an object very important in natural philofophy, and to the elucidating of which I dedicate the fecond part of this paper.

PART

Ainfi voila le fecond exemple, dans ces expériences feules, de la différence qu'il peut y avoir entre les loix que fuivent les différens effets des mêmes caufes; objet important en phyfique, et auquel je deftine la fecond partie de ce Mémoire.

SECONDE

PART THE SECOND.

Obfervations upon phyfical meafures.

MOST of our phyfical inftruments are meafures of effects.   The progrefs made in natural philofophy, encreafes every day the number of thefe meafures; or rather it is by the encreafe of them that natural philofophy has been fo much improved within a century, and that it ftill continues daily to improve.   In proportion as its different branches encreafe or extend themfelves, we fee the catalogue of our *meters* encreafe. Inftead of continuing to be fatisfied with perceiving, with conjecturing, with forming fyftems upon what is improperly called the poffible, and is in fact the land of vifions, we endeavour

to

SECONDE PARTIE.

Remarques fur les Mefures phyfiques.

LA plûpart de nos machines de phyfique, ne font que des mefures d'effets. Le perfectionnement de la Phyfique augmente tous les jours le nombre de ces mefures; ou plutôt, c'eft par leur augmentation que la phyfique a tant gagné depuis un fiècle, et qu'elle gagne encore chaque jour: nous voyons s'accroitre le catalogue de nos *mètres*, à mefure que fes diverfes branches fe développent et s'étendent. Peu contens aujourd'hui d'appercevoir, de conjecturer, de faire des fyftèmes dans ce qu'on appelle improprement le poffible, et qui n'eft que la région des chimères, nous entreprenons de découvrir les caufes par leurs effets,

M m m 2   en

to inveſtigate cauſes through their effeċts, by meaſuring
theſe wherever nature gives us a ſufficient hold, in order
not to be deceived by ſemblances of truth.

The firſt rays of this light, the dawn of all true know‑
ledge in philoſophy, were extremely weak. At firſt
philoſophers were ſatisfied with having inſtruments
which indicated the exiſtence of certain cauſes that our
organs could either not difcover at all, or diſcovered
very imperfeċtly. Hence the modeſt names given by the
firſt inventors to their inſtruments. They called only
Baroſcopes, Thermoſcopes, Microſcopes, thoſe inſtru‑
ments which were intended to ſhow the weight of the
air, the dilatation of bodies by heat, the objeċts which
eſcaped the naked eye.

Theſe

---

en meſurant ceux-ci, partout où la nature nous donne quelque priſe, pour n'être
pas trompés par des *apperçus.*

Les prémiers rayons de cette lumière, qui étoient l'aurore des vrayes connoiſ‑
ſances en phyſique, furent d'abord très foibles. On ſe trouva bien content
d'avoir des machines qui fiſſent appercevoir ſurement l'exiſtence de certaines
cauſes, que nos organes ſeuls ne pouvoient découvrir, ou ne découvroient que
très imparfaitement. De là les dénominations modeſtes que les prémiers inven‑
teurs donnèrent à leurs machines. Ils n'appellèrent que Baroſcopes, Thermo‑
ſcopes, Microſcopes, leurs inſtrumens deſtinés à montrer, le poids de l'air, la
dilatation des corps par la chaleur, les objets qui échappent à la vue.

On

These names were too soon changed, in calling *mea-sures* what was not yet such; but we every day become more delicate with respect to the conditions they require; and the progress made towards perfecting them, are the most effectual steps which have been made towards the knowledge of Nature; for it is they that have given us a disgust to the jargon of systems, founded upon mere hypotheses or deceitful appearances, the consequences of which were spreading fast into metaphysics, in which it occasioned general confusion.

The improvement of physical measures does not only lead us to a better knowledge of the immediate causes of the effects thus measured, but it assists us in decomposing complex effects, and especially in discovering and determining the simultaneous effects which I shall hereafter name the co-effects of the same causes.

When

On a changé trop tôt la terminaison de ces noms et de bien d'autres semblables, en qualifiant de *mesure* ce qui ne l'étoit point encore. Mais chaque jour on devient plus délicat sur les conditions qu'elles exigent; et les progrès vers leur perfection, sont les pas les plus réels qu'on ait faits vers la connoissance de la Nature: car ce sont ceux qui ont le plus contribué à nous dégouter du jargon des systèmes fondés sur des hypotheses ou des apparences trompeuses, dont les consé-quences passoient en foule dans la Métaphysique, et y boulversoient tout.

Le perfectionnement des Mesures physique ne nous conduit pas uniquement à mieux connoitre les causes immédiates des effets mésurés; mais il nous aide à décomposer les effets complexes, et surtout à découvrir et déterminer les effets simultanés, que je nommerai dans la suite les co-effets des mêmes causes.

Quand

When from experiments, fometimes very nice, we have affured ourfelves that two or more effects conftantly go together in certain relations, we may content ourfelves with obferving the moft evident of them, and depend upon the exiftence of the others, as if they were immediately obferved. This leads us from relation to relation to the difcovery of operations of Nature which before were entirely hidden: and nothing can be more ufeful to man, than fometimes to examine, how he reafoned upon thofe objects before he was guided by experience.

Thefe inftances of the connections of effects, difcovered, and afterwards meafured one by the other, are now become fo frequent in natural philofophy that it would be ufelefs to infift upon them : and indeed when one confiders our phyfical inftruments, one may fee that the greateft

part

Quand par des expériences, fouvent très délicates, nous nous fommes affurés que deux ou plufieurs effets marchent toûjours enfemble dans certains rapports, nous pouvons nous contenter d'obferver le plus évident, et compter fur l'exiftence des autres comme s'ils étoient immédiatement manifeftes; ce qui nous conduit, de rapport en rapport, à découvrir des opérations de la Nature, qui avant cela nous étoient entièrement voilées : et rien n'eft plus néceffaire à l'Homme, que d'examiner quelquefois comment il en raifonnoit avant qu'il eût ces fécours.

Les exemples de ces liaifons d'effets, découverts, et mefurés enfuite les uns par les autres, font aujourd'hui fi multipliés dans la Phyfique, qu'il feroit inutile d'infifter fur ce point: et quand on confidère même l'enfemble de nos machines

de

pàrt of them are intended only for the difcovery of co-
effects, by the knowledge of thofe which are more evident. Our fearch after new meafures has likewife the
fame end in view. If we wifh for an Hygrometer, an
Electrometer, a Photometer, it is lefs with a defign of
arriving by means of them to a knowledge of the
abfolute or relative quantities, of moifture, of electric
fluid, of light, than to endeavour afterwards to connect
the perceptible effects of thefe caufes upon our. meafures, with other lefs evident effects, but which depend
upon them, either as feparate co-effects, or as modifications of other effects.

With all this the general problem of phyfical meafures is a complicated one from the firft outfet. The
firft object of all thefe meafures is to know the exiftence
of a fimple caufe and of its degrees of intenfity; and we
　　　　　　　　　　　　　　　　　　　　　　　　have

---

de phyfique, on voit que le plus grand nombre n'eft deftiné qu'à déterminer des
co-effets, par la connoiffance de ceux qui font le plus évidens.　La plûpart auffi
de nos recherches de nouvelles mefures tendent à ce même but.　Si nous defirons
un Hygromètre, un. Electromètre, un Photomètre, c'eft moins pour connoitre,.
en les obfervant, les quantités abfolues ou rélatives de l'humidité, du fluide électrique, de la lumiére; que pour travailler enfuite à lier les effets évidens de ces
caufes fur nos mefures, à d'autres effets. moins évidens qui en dépendent, ou
comme co-effets féparés, ou comme modifications d'autres effets.

　　Cependant le problème général des mefures phyfiques eft compliqué dès fon
premier pas.　Connoitre l'exiftence d'une caufe fimple et fes degrès d'intenfité,
　　　　　　　　　　　　　　　　　　　　　　　　　　　　　　　　　eft

have nothing to come at it, but the effects which this
caufe produces upon other bodies, which, for the moft
part, do themfelves comprehend a great number of
other caufes. We can never therefore, obferve effects
abfolutely fimple; and confequently, fenfible effects
which are equal amongft themfelves, do not point out
degrees likewife equal amongft themfelves in the caufe
to which they are attributed. What, for inftance, are
our meafures of heat? The dilatations of bodies. What
our meafures of the weight of the air? The height of
the quickfilver in the Barometer. But the dilatation of
bodies by heat depends upon the nature of bodies, as well
for its quantity, as for the law of its progreffion by equal
augmentations of heat; and the effects of the weight of
the air upon the quickfilver of the Barometer, are modi-
fied by the different degrees of the heat of this liquid,

by

eft le prémier objet de toutes ces mefures; et nous n'avons pour y arriver, que
les effets que produit cette caufe fur ceitains corps, qui déja eux-mêmes renfer-
ment le plus fouvent une multitude d'autres caufes. Jamais donc nous ne pouvons obferver des effets abfolument fimples; et par conféquent, des effets fenfibles
qui font égaux entr'eux, ne marquent point des degrés, auffi égaux entr'eux,
dans la caufe à laquelle nous les attribuons. Qu'eft-ce par exemple que nos
mefures de la chaleur? Ce font les dilatations des corps. Qu'eft.ce que la
mefure du poids de l'air? C'eft la hauteur du mercure dans le Baromètre. Et déja
la dilatation des corps par la chaleur dépend de leur nature, tant pour fa quantité, que pour la loi de fes progrés par des augmentations égales de la chaleur: et
l'effet du poids de l'air fur le mercure du Baromètre eft modifié, par les divers
degrès

by the nature of the *vacuum* in which it is fufpended, by the attraction of the glafs, by the friction, perhaps by the permeability of glafs to fome particles of that mixed fluid to which we give the general name of air, or by various other caufes that are equally unknown to us. The fame holds true with regard to all other phyfical meafures; and this firft ftep of the ladder, by which we ftrive to raife ourfelves to the knowledge of caufes, is already very difficult to afcertain.

The fecond, however, is much more fo, fince it depends upon determining the co-effects of the fame caufes, either in the fame or in different bodies. Thus when we fhall be poffeffed of an Hygrometer, we fhall endeavour to find out what effects this *humor,* whofe prefence and degrees will be indicated by the inftrument,

produces

---

degrés de chaleur de ce liquide, par la nature du vuide dans lequel il eft fufpendu, par l'attraction du verre, par le frottement; et peut-être encore par la perméabilité du verre à quelques particules de ce que nous appellons en général l'air, ou par d'autres caufes qui nous font également inconnues. Il en eft de même de toutes les autres mefures phyfiques; et ce premier échellon, par lequel nous cherchons à nous élever à la connoiffance des caufes, eft déja très difficile à bien affurer.

Mais le fecond l'eft bien advantage. Il confifte à déterminer les co-effets des mêmes caufes, ou dans les mêmes corps, ou dans des corps différens. Ainfi, quand nous aurons un Hygromètre, nous chercherons à favoir quel effet produit, fur l'yvoire qui s'allonge, fur les fels dont le poids augmente, fur la denfité de

produces upon ivory which lengthens, upon falts whofe
weight increafes, upon the denfity of the air which
varies, upon its falubrity, its refringent power, &c.

But even when this is done, we fhall be embaraffed by
the degrees of thefe co-effects; probably they will not all
increafe in the fame proportions as the dilatations of the
ivory, or the augmentations of the weight of an abforbant
body; and a great many experiments will be neceffary to
difcover the laws they obferve by the different intenfities
of this common caufe.

It is notwithftanding upon relations of this fort, that
every thing depends in experimental philofophy and indeed in all true philofophy. Confequently, the perfecting the methods of determining thefe relations muft
be a principal object with all good philofophers. I will
                                                      not

---

l'air qui varie, fur fa falubrité, fur fa vertu refringente, cette *humor* dont la
préfence et les degrés feront indiqués par l'inftrument.

Mais alors encore les degrés des co-effets nous embarrafferont: il ne croîtront
pas vraifemblablement dans les mêmes rapports que les dilatations de l'yvoire,
ou les augmentations de poids d'un corps abforbant; et il faudra bien des expériences pour découvrir les loix qu'ils fuivent par les différentes intenfités de cette
caufe commune.

C'eft cependant à des rapports de ce genre que tout fe réduit dans la phyfique
experimentale, et par cela même dans la bonne phyfique fpéculative qui ne fe
paye pas de mots. Par confequent le perfectionnement des méthodes pour déterminer ces rapports, doit être un des objets de la plus grande attention des Phy-
                                                              ficiens.

not enter into the methods which lead us ſtep by ſtep to the diſcovery of the correſponding progreſſions of co-effects of the ſame cauſes: it would be too difficult to generalize them whenever one went beyond that fundamental principle of all ſcience, found logic; and, what is the beſt preſervative againſt precipitation, the knowledge of the weakneſs of our organs and of our under-ſtanding.

But it is not always practicable to trace in all its points, the curve that is deſcribed by a ſeries of correſponding phenomena; and we are often forced to content ourſelves with conſidering as proportional in all degrees of intenſity of the cauſe, ſome relations that have been either obſerved or found by experiment. This expedient one is likewiſe often reduced to in practice, in order not to complicate proceſſes without reaſon. Thus, for

---

ſiciens. Je ne m'arrêterai pas à celles qui conduiſent à découvrir pas à pas les marches correſpondantes des co-effets des mêmes cauſes: il ſeroit trop difficile de les généraliſer dès qu'on voudroit aller au de là de ce principe fondamental de toute ſcience, une bonne logique; et de ce préſervatif contre la précipitation, la connoiſſance de la foibleſſe de nos organes et de notre intelligence.

Mais il n'eſt pas toûjours poſſible de tracer par tous leurs points, les courbes que décrivent les ſuites des phénomènes correſpondants; et l'on eſt ſouvent réduit à ſe contenter de regarder comme proportionnels dans tous les degrès d'intenſité de la cauſe, quelques rapports obſervés ou trouvés par l'expérience. C'eſt même un expédient auquel on eſt le plus ſouvent réduit dans la pratique, pour n'y pas compliquer les procédés ſans avantage. Ainſi dans le Pendule, comme dans mon

Hygromètre,

for inſtance, in the Pendulum and in my Hygrometer, if
one would take notice of the different laws which follow, in their dilatations by heat, the ſubſtances whoſe effeċts one means to compenſate the one by the other, beſides the difficulty of finding theſe laws, the application
might perhaps throw us into mechanical complications,
that would deſtroy all the exaċtneſs we want to produce by theſe means.

In general, the fixing of laws is ſcarce ever the firſt
ſtep taken in new diſcoveries. One begins by eſtabliſhing
by experiment ſome fundamental relations, and one con-
ſider afterwards the correſponding points of the phenomena as being proportional, till be degrees, overcoming
the difficulties, one becomes to grow familiar with what
one uſed to look upon before as great ſtrides; and one
perceives

Hygromètre, ſi l'on vouloit avoir égard aux differentes loix que ſuivent dans
leurs dilatations par la chaleur, les matières dont on cherche à compenſer les
effets les uns par les autres; outre la difficulté de découvrir ces loix, on ſe jetteroit
peut-être dans des complications mécaniques, qui détruiroient toute l'exaċtitude
qu'on vouloit chercher par ce moyen.

En général, dans toutes les nouvelles découvertes, les premiers pas ſont rarement des fixations de Loix. On établit quelque rapports fondamentaux par l'expérience, et l'on regarde les autres points correſpondans des phénomènes, comme
proportionnels à ceux là; juſqu'à ce que, ſurmontant par degré les obſtacles, on
ſoit parvenu à ſe familliariſer avec ce qu'on regardoit d'abord comme de grands
pas

perceives that there are greater fteps that may and ought
to be made.

It is ufeful, therefore, to confider in what manner one
might with fome fafety mark out thefe firft fketches of
the laws of Nature, by finding the particular relations of
the co-effects which might be applied with leaft error to
proportional fcales. It will be contributing to bring forward the moment in which, feeing clearer into the nature of things, and having learnt to diftinguifh real
knowledge from what has only the appearance of it, we
fhall be led to feek for exactnefs in every thing.

A prac-

---

pas, et à fentir qu'il faut et qu'on peut aller plus loin.

Il eft donc avantageux de confidérer, comment on pourroit tracer avec quelque
fureté ces premières efquiffes des Loix de la Nature, en trouvant les rapports particuliers des co-effets qui s'appliqueroient avec le moins d'erreur à des échelles
proportionnelles. Ce fera accélérer le moment, où, voyant plus clair dans la
nature des chofes, et diftinguant bien les connoiffances réelles, d'avec ce qui n'en
a que l'apparence, nous nous fentirons conduits à chercher l'exactitude partout.

*A practical method of approximation in the determination
of the co-effects of the same causes.*

It has been thought hitherto, that in order to leffen
the effects of the errors which are unavoidable in obfervations and experiments, one ought to look for the relations of the co-effects at the greateft poffible diftances;
becaufe in that cafe the errors being divided upon a
greater fpace, each feparate part is lefs affected by them.
Thus, in order to find the relation of the dilatations of
brafs and fteel employed in the Pendulum, one would
willingly expofe thefe metals to an artificial congelation
and to the heat of boiling oil, that, by meafuring greater
lengthenings,

---

*Moyen pratique d'approximation, dans la fixation des rapports des co-effets des mêmes
caufes.*

On a imaginé jufqu'ici, que pour diminuer les effets des erreurs inévitables
dans les obfervations et les expériences, il falloit chercher les rapports des co-
effets aux plus grandes diftances poffibles; parce que ces erreurs fe divifant fur un
plus grand intervalle, deviennent plus infenfibles fur chacune de fes parties.
C'eft ainfi que pour trouver le rapport des dilatations du léton et de l'acier qu'on
employe au Pendule, on expoferoit volontiers ces métaux à une congélation artificielle et à la chaleur de l'huile bouillante; afin que pouvant mefurer de plus
grands

lengthenings, the imperfection of the meafure might become infenfible in the determination of their relation.

This method is indeed very good to compare with each other effects, the progreffions of which are proportioned; and one is right to make ufe of it whenever extent or weight is concerned. But it is often very deceitful in phyfics: for as the co-effects feldom go by proportional degrees, the more the obferved points of their relations are diftant, the more the deviations become confiderable in the intermediate points, when they are confidered as proportional to the whole. It is thus that two different curves, which cut each other in two points, deviate the more from each other in the fpace comprized between the two interfections, the more diftant the points of interfection are from each other. Now the correfpondent points, taken by obfervation in two feries of phenomena which

---

grands allongemens, l'imperfection de la mefure devint infenfible dans la fixation de leur rapport.

Cette méthode feroit très bonne pour comparer entr'eux des effets qui auroient des marches proportionnelles; et on l'employe avec raifon quand il s'agit de l'étendue ou des poids: mais elle eft le plus fouvent fort trompeufe en Phyfique. Car dès que les co-effets marchent rarement par degrés proportionnels, plus les points obfervés des rapports font diftans, plus les écarts deviennent grands dans les points intermédiaires, en les regardant comme proportionnels au rapport total. C'eft ainfi que deux courbes différentes qui fe croifent en deux points, s'écartent d'autant plus l'une de l'autre dans l'intervalle des deux interfections, que ces points de rencontre font plus éloignés. Or les points correfpondans par obferva-

tion,

which follow different laws, are the interfections of the curves; and the errors we make in the intermediate relations when we confider them as proportional, are like the deviations of the two curves in the interval of the interfections.

The effect then intended to be produced by taking very diftant points of comparifon being, in general, to accumulate within the intervals of thefe points the deviations of the laws which happen to be different; much will be gained, in thofe cafes in which the laws themfelves cannot be difcovered, by feeking for points of comparifon within the leaft diftances that the particular obfervations, for which the phyfical meafures are intended, will allow.

It is thus that we have happened to have ufed for a long time Thermometers of quickfilver and fpirits of wine,

in

---

tion, de deux fuites de phénomènes qui fuivent des loix différentes, font les interfections de ces courbes; et les erreurs qu'on fait dans les rapports intermédiaires en les confidérant comme proportionnels, font comme les écarts des deux courbes dans l'intervalle des interfections.

L'effet de prendre des points de comparifon fort diftans, étant donc en général, d'accumuler dans l'intervalle de ces points les écarts des Loix qui fe trouvent différentes, on gagnera beaucoup, dans les cas où l'on ne pourra pas découvrir les Loix elles-mêmes, à chercher des points de comparifon dans les moindres diftances que puiffent comporter les obfervations particulières auxquelles on deftinera les Mefures phyfiques.

C'eft ainfi que par hazard on a eu longtems des Thermomètres de
mercure

in which the difference of the progreffions between thefe two liquids in their dilatations by heat was not obferved. Mr. DE REAUMUR's Thermometer, one of the firft to which one endeavoured to affign fixed points, was too difficult in its conftruction for each Thermometer to be, immediately graduated; and indeed the author himfelf only ufed his method in making ftandards to which the Thermometers intended for common ufes were afterwards compared. Abbé NOLLET, his difciple, who for a long time gave the *ton* for Thermometers in France and in the Southern countries, followed his mafter's method. The only immediate point he marked upon his Thermometers was that of *freezing*; and he compared them afterwards in water of 30° of that fcale in which the real interval between the *freezing* and *boiling points* ought to be divided into about 100°. By this method,

thod,

---

mercure et d'efprit de vin où l'on ne remarquoit pas les différences de marche de ces deux liquides. Le Thermomètre de M^r DE REAUMUR, l'un des premiers auxquels on aît tenté de donner des points fixes, étoit trop difficile à conftruire, pour que chaque Thermomètre pût être gradué immédiatement. Auffi l'auteur lui-même n'employoit-il fa méthode qu'à faire des étalons, auxquels il comparoît enfuite les Thermomètres deftinés aux ufages ordinaires. M^r l'Abbé NOLLET, fon difciple, qui pendant long tems a donné le ton pour les Thermo- mètres, tant en France que dans les pays méridionaux, fuivit la méthode de fon maitre: il ne marquoit immédiatement fur fes Thermomètres, que le point de la congélation; et il les comparoit enfuite dans de l'eau à 30° de cette échelle là, où 100° environ, divifoient l'intervalle réel de la congélation à l'eau bouillante.

thod, and at that period in which natural philofophy was ftill very inaccurate, one did not obferve the difference between the progreffions of fpirits of wine and quickfilver; and in fact it was eafy to miftake them. I have fhewn it in fpeaking of thefe Thermometers, and I fhall have occafion to fhew it more fully very foon.

This doubtlefs was a defect, and a very confiderable one, whether we confider that the Thermometer is intended to indicate degrees of heat, both much larger and much fmaller than the interval between thefe 30°; or that it is a moft capital inftrument in natural philofophy, and as fuch may be ufed in experiments where the leaft defects may have fenfible confequences. For thefe reafons I only mention this cafe, as an help for me to explain what I propofe to fay upon other inftruments in which

---

Par cette méthode, et dans ce tems là où la Phyfique étoit encore fort peu exacte, on ne remarquoit pas la différence des marches du mercure et de l'efprit de vin, & l'on pouvoit en effet s'y méprendre. Je l'ai montré en traitant de ces Thermomètres, et je le montrerai plus particulièrement bientôt.

Cétoit là fans doute un défaut, et un défaut très grand; foit parce que le Thermomètre eft deftiné à indiquer des degrés de chaleur bien plus grands et bien moindres que l'intervalle de ces 30°; foit parce que c'eft un inftrument fondamental en Phyfique, qui peut être employé à des expériences où le moindre défaut auroit des effets fenfibles. Auffi ne rapporté-je ce cas, que pour m'expliquer

6   plus

which a greater degree of exactnefs would be either ufelefs or impoffible.

Simple and evident as this principle is, yet, as it often happens that obvious ideas do not ftrike, even becaufe their being obvious gives them a trivial air, I will ftrengthen this by ufeful examples, and one offers itfelf to which I have been led by the foregoing.

Suppofe one wants to know the dilatations of fpirit of wine by heat, in order to have regard to it in effaying the fpirituofity of vinous liquors, which is wont to be eftimated by their fpecific gravities; an article as every one knows of much confequence in the brandy trade, and which has likewffe fome connection with chemiftry : I fay, that one would make a confiderable error if, in order to determine the relations of the dilatations of the brandy with the indications of the quickfilver Thermometer, which
fhould

---

plus aifément dans ce que je me propofe de dire fur ceux où une plus grande exactitude feroit ou inutile ou impoffible.

Quelque fimple et évidente que foit cette règle, comme il arrive fouvent que les idées fimples ne frappent point, précifément à caufe de leur fimplicité qui leur donne un air trivial, je fortifierai celle-ci par des exemples utiles. Et en voici un d'abord, auquel l'exemple précédent m'a conduit.

Je fuppofe qu'on veuille connoitre les dilatations de l'efprit de vin par la chaleur, afin d'y avoir égard dans la mefure de la fpirituofité des liqueurs vineufes, eftimée par leur pefanteur fpécifique; objet important au commerce confidérable des eaux de vie, et qui intéreffe auffi la chimie. Je dis qu'on feroit un grand écart, fi, pour déterminer le rapport des dilatations de l'efprit de vin, avec les indications du Thermomètre de mercure, qui ferviroit enfuite à marquer la tem-

fhould afterwards mark the temperature of this liquor, one was to take terms very diftant from each other, as for inftance the freezing and boiling points; whilft on the other hand, by keeping within the temperatures in which the trials fhould be made, one would come fo near the truth, that the differences would be imperceptible.

This inftance, in itfelf ufeful, being proper to be applied to every cafe in which we wifh to compare with one another phyfical effects which depend upon the fame caufe, that we may afterwards judge of them all by one, I fhall dwell upon it a little while to give a full explanation of it.

I fuppofe that the experiments intended to effay the fpirituofity of different liquors diftilled from wine, by the fpecific gravities of them, are made between the temperatures which anfwer to 32° and 77°

of

---

pérature de cette liqueur, on prenoit des termes fort éloignés, comme la congélation et l'eau bouillante : tandis qu'au contraire, en fe renfermant dans les températures où les épreuves feroient faites, on approcheroit fi fort de la vérité, que les différences feroient imperceptibles.

Cet exemple ayant quelque utilité par lui-même, et pouvant être appliqué à toute forte de cas où l'on compare entr'eux des effets phyfiques dépendants d'une même caufe, pour juger enfuite de tous par un feul, je m'y arrêterai afin de le mieux éclaircir.

Je fuppoferai que les expériences deftinées à éprouver les degrés de fpirituofité des diverfes liqueurs diftillées du vin, par leur pefanteur fpécifique, fe feront entre les températures qui correfpondent à 32° et 77° fur le Thermomètre de FAHRENHEIT

of FAHRENHEIT's Thermometer, as this takes in all the ordinary cafes. The queftion is, to examine which is the moft convenient method of introducing into this meafure an equation for the differences of the heat; an equation I mean which does not occafion ufelefs difficulties.

Thefe temperatures 32° and 77° upon FAHRENHEIT's Thermometer, correfpond with 0 and 20° upon the fcale of which I have hitherto fpoken, in which the boiling point is at 80° and the freezing at 0. I fhall fpeak of this fcale, becaufe it is the one I made ufe of in my experiments on the progreffions of liquors diftilled from wine in their dilatations by heat, and of which I have given an account in my work abovementioned[d].

(d) Vol. I. p. 326.

I fuppofe

RENHEIT, ce qui renfermera tous les cas ordinaires. Il s'agit donc d'examiner quelle fera la route la plus convenable, pour introduire dans cette mefure une équation pour les différences de la chaleur, equation qui n'occafione pas de trop grandes difficultés, fans utilité dans la pratique.

Ces températures 32° et 77° fur le Thermomètre de FAHRENHEIT, correfpondent à 0 et 20° fur l'échelle dont j'ai parlé jufq'ici, où l'eau bouillante eft à 80° et l'eau dans la glace à 0. J'employerai encore cette échelle, parce que c'eft celle dont je me fuis fervi dans les expériences que j'ai faites autrefois fur la marche des liqueurs diftillées du vin, dans leurs dilatations pour la chaleur; expériences que j'ai rapportées dans mon ouvrage cité ci-deffus (d).

(e) Tom. I. p. 326.

Je

I suppose that, according to the usual method, seeking for the dilatations of the spirituous liquor by great differences of heat, one was to compare its bulk in ice that melts and in boiling water, and that not knowing, or not regarding, the different progressions of this liquor and quickfilver in their respective dilatations, nor the effect which the difference of spirituosity produces in this respect, one should consider these progressions as proportional. Here are the deviations one would be exposed to in the limits of the temperatures to which the rule should be applied, I mean between o and 20°.

The numbers which are placed in the two columns of the spirituous liquors indicate the proportions of the augmentations of their bulks by the temperatures indicated by the quickfilver Thermometer. I have given to the total scale of these proportions the same number

of

Je suppose d'abord que suivant l'usage ordinaire, cherchant les dilatations de la liqueur spiritueuse par de grandes différences de chaleur, on comparât ses volumes dans la glace qui fond et dans l'eau bouillante; et qu'ignorant ou négligeant la différence de marche de cette liqueur et du mercure dans leurs dilatations, ainsi que l'effet que produit même à cet égard la différence de spirituosité, on regardât ces marches comme proportionelles; voici les écarts dans lesquels on tomberoit, dans les limites des températures où l'on appliqueroit la régle; c'est à dire de o à 20°.

Les nombres placés dans les deux colonnes des liqueurs spiritueuses, marquent les rapports de leurs augmentations de volume par les températures indiquées sur le Thermomètre de mercure. J'ai donné à l'échelle totale de ces rapports le même

of equal parts as to the Thermometer, in the fame interval of temperature, in order that their differences within
this interval may be vifible without calculation.

Quickfilver Therm.	Spirit of wine which fires gunpowder.	Brandy, of 2 parts flegm and 3 of this fpirit of wine.
80	80	80
. . . . .	. . . . .	. . . . .
20	16,5	15,9
15	12,2	11,8
10	7,9	7,7
5	3,9	3,8
0	0	0

One fees what deviations in general arife from the
diftance of the points of comparifon when one comes to
apply

---

même nombre de parties égales qu'à celle du Thermomètre dans le même intervalle de température, afin que les différences en dedans de cet intervalle s'apper-
çoivent à l'oeil fans calcul.

Thermomètre de mercure.	Efprit de vin qui brule la poudre.	Eau de vie faite de 2 parties de flegme, fur 3 parties de cet efprit de vin.
80	80	80
. . . . . .	. . . . .	. . . . .
20	16,5	15,9
15	12,2	11,8
10	7,9	7,7
5	3,9	3,8
0	0	0

On voit quels écarts refultent en général de la diftance des points de comparaifon,

apply them to the temperatures in which one precifely
wants the moft exact proportions. One likewife may
fee that the difference of fpirituofity only, occafions very
fenfible ones in the progreffions of the two fpirituous
liquors, and that confequently one would commit a double error, if one were to confider the intermediate relations as proportional to the total relation, eftablifhed
between quickfilver and one of thefe liquors, only by
obfervations made in very different temperatures.

If, on the contrary, the fundamental experiments had
been made at the probable limits of the obfervations,
that is at o and at 20° of the Thermometer, having then
the real dilatation, between thefe two temperatures, of the
fpirituous liquor which ferved for the experiment, there
would be only thefe fmall deviations, expreffed by the
comparifon

---

raifon, quand on vient à les appliquer aux températures où l'on avoit befoin
précifément des rapports les plus exacts. On voit auffi que la différence feule de
fpirituofité, en produit de très fenfibles dans la marche des deux liqueurs fpiritueufes; et que par conféquent ont tomberoit doublement dans l'erreur, en
regardant ces rapports intermédiaires comme proportionnels au rapport total,
établi entre le mercure et une feule de ces liqueurs par des obfervations à de
grandes différences de température.

Si au contraire on eût fait les expériences fondamentales aux limites probables
des obfervations, c'eft à diré à o et à 20° du Thermomètre; ayant alors la dilatation réelle, entre ces deux températures, de la liqueur fpiritueufe qui eût fervi
à l'expérience, on n'auroit à craindre que les écarts exprimés par les rapports des
nombres

comparifon of the following numbers, in which the total dilatation of the fpirituous liquors is again divided into the fame number of equal parts with that of the quick-filver in the Thermometer.

Therm.	Dilat. of fpirit of wine.	Dilat. of brandy.
20	20	20
15	14,8	14,8
10	9,6	9,7
5	4,7	4,8
0	0	0

The feries of numbers which exprefs the dilatations of the two fpirituous liquors remain in the fame proportions as in the firft cafe, and confequently this is always the refult of the experiment. But thefe proportions come already ready

---

nombres fuivans, où la dilatation totale des liqueurs fpiritueufes eft encore di-vifée en un même nombre de parties égales, que celle du mercure dans le Ther-momètre.

Therm.	Dilat. de l'efprit de vin.	Dilat. de l'eau de vie.
20	20	20
15	14,8	14,8
10	9,6	9,7
5	4,7	4,8
0	0	0

Les fuites des nombres qui expriment les dilatations des deux liqueurs fpi-ritueufes reftent dans les mêmes rapports que dans le premier cas; et par confé-quent c'eft toûjours le refultat de l'expérience. Cependant ces rapports font déja

ready fo near to the progreffion of the quickfilver Thermometer itfelf, that the effect of the differences of the
fpirituofity almoft entirely vanifhes; fo that there would
be little error in taking as proportional to the total augmentation of bulk at 20° of a certain liquor diftilled
from wine, the intermediate dilatations of every other
liquor of the fame kind.

It is poffible, however, ftill to leffen thefe errors, without having more than two terms of comparifon by experience, by taking thefe terms within the limits of the
probable obfervations, and that for two reafons. The
firft, that the more numerous obfervations will probably
be made nearer the points where true proportions have
been found by experience. The other, that the greateft
deviation will be ftill more leffened, by throwing part of
the errors beyond the two real points of comparifon, in

order

---

fi près de la marche du Thermomètre même, que l'effet des différences de fpirituofité s'évanouit prefque entièrement; et qu'il y auroit peu d'erreur à regarder
comme proportionnelle à l'augmentation totale de volume à 20° d'une certaine
liqueur diftillée du vin, les augmentations intermédiares de toute autre liqueur
du même genre.

On peut cependant diminuer encore ces erreurs, fans avoir plus de deux termes
de comparaifon par l'expérience, en prenant ces termes en dedans même des limites
des obfervations probables; et cela par deux confidérations. La prémière que les
obfervations les plus nombreufes fe trouveront probablement plus près des vrais
rapports fixés par l'expérience; l'autre que le plus grand écart diminuera encore,

order to leſſen the accumulation of them within theſe points.

If, for inſtance, inſtead of obſerving from o to 20° the increaſe of the bulk of the ſpirituous liquor which is to ſerve as a rule, one obſerves it from 5° to 15°, one will have the following proportions, in which the progreſſion of the two liquors ſtill continue within their real proportions, as I ſhall ſhew in the ſequel.

Therm.	Dilat. of the ſpirits of wine.	Dilat. of brandy.
20	20,2	20,1
15	15	15
10	9,8	9,9
5	5	5
0	0,3	0,3

It

---

en rejettant une partie des erreurs au delà des deux points réels de comparaiſon, pour en diminuer l'accumulation entre ces points.

Si par exemple, au lieu d'obſerver de o à 20° l'augmentation de volume de la liqueur ſpiritueuſe qui doit ſervir de règle, on l'obſerve de 5° à 15°, on aura les rapports ſuivans, où les marches des deux liqueurs reſtent encore dans leurs proportions réelles, ce que je montrerai dans la ſuite.

Therm.	Dilat. de l'eſprit de vin.	Dilat. de l'eau de vie.
20	20,2	20,1
15	15	15
10	9,8	9,9
5	5	5
0	0,3	0,3

On

It is evident then, that there is no longer any fenfible error arifing from the differences of fpirituofity, which is already a capital advantage in the cafe propofed as an example; in which, fince what one wants to know is the degree of fpirituofity of a liquor, one cannot fuppofe it known before hand, in order to have regard to it in feeking for it. One likewife fees in general, that there is fcarce any error to apprehend, even in confidering the augmentation of the bulk of thefe liquors, or the diminution of their fpecific gravities, as being proportional to the indication of the quickfilver Thermometer.

Here is then tne method in which, according to this principle, I would conftruct the comparative *Areometer*, that is fuch a one as might be made the fame every where. I chufe this example becaufe it will afford me other applications of the general rule.

Project

On voit donc qu'il n'y a plus d'erreur fenfible réfultante des différences de fpirituofité; et c'eft d'abord un avantage capital dans le cas propofé pour exemple, où, cherchant à connoitre le degré de fpirituofité d'une liqueur, on ne peut pas la fuppofer d'avance pour y avoir égard en la mefurant. On voit auffi en général, qu'il n'y a prefque plus d'erreur à craindre, même en regardant l'augmentation de volume de ces liqueurs, ou leur diminution de pefanteur fpécifique, comme proportionnelles à l'indication du Thermomètre de mercure.

Voici d'après ce principe, comment je conftruirois l'Aréomètre comparable; c'eft-à-dire celui qu'on pourroit faire de même partout. Je choifis cet exemple, parce qu'il me fournira encore d'autres applications de la règle.

Id

Project of a comparable Areometer.

I would ufe an Areometer of the moſt common conſtruction [f]. It is an inſtrument nearly refembling the
glafs of a Thermometer; that is, a tube with a hollow
ball at one end. The property of this inſtrument is, that
it ſinks the deeper into liquids, the more their ſpecific
gravity decreafe. But that it may become a common
meafure of this ſpecific gravity; certain fixed points and'
determined degrees muſt be afcertained upon it.

I would make this Areometer of glafs, as being the
fubſtance which undergoes the leaſt change of bulk by
heat, and the changes of which are the moſt regular, at

(f) See fig. 3. and its explanation.

leaſt.

___

Idée d'un Aréomètre comparable.

J'emploierois la forme d'Aréomètre qui eſt la plus commune (f). C'eſt un
inſtrument à peu près femblable au verre d'un Thermomètre, c'eſt à dire com-
pofé d'une boule creufe, et d'un tube qui lui eſt joint. La propriète de cet inſtrument eſt de s'enfoncer d'autant plus dans les liquides, que leur pefanteur ſpecifique eſt moindre. Mais pour qu'il devienne une mefure commune de cette pefanteur ſpecifique, il faut qu'il ait des points fixes et des dégrés déterminés.

Je le ferois de verre; comme étant la matière qui éprouve le moins de changement dans ſon volume par la chaleur, et dont les changemens ſont les plus régu-

(f) Voyez la fig. 3. et fon explication.

liers;

leaft of all the fubftances which are not affected by humidity. I would always ufe flint-glafs, that its changes in this refpect might be more uniform in all the Areometers.

Its ball fhould be one inch and an half in diameter, and there fhould be at the bottom of it a little hollow cylinder, which fhould communicate with it, and contain the ballaft, in order that it might be able to keep upright, at the other end, a branch fo much the longer; which will be eafily underftood. This ball fhould not be very thick, any more than the fuperior branch on which its divifions fhould be marked. The different thickneffes of this branch, that is, its different external diameters, will produce the different fenfibilities of the inftrument. The lefs the diameter will be, the more will the Areome-

ter

---

liers; du moins entre les matières que l'humidité n'affecte pas. Ce verre feroit toûjours le flint-glafs, afin que fes changemens à cet égard fuffent plus uniformes dans tous les Aréomètres.

Je donnerois à fa boule un pouce et demi de diamètre: et elle auroit à fon fond un petit cylindre creux qui communiqueroit avec elle, et renfermeroit le left; afin de pouvoir maintenir de bout, au côté oppofé, une branche d'autant plus longue; ce qu'on fentira aifément. Je ferois cette boule peu épaiffe, ainfi que le tube fuperieur, ou la branche fur laquelle les divifions devroient être marquées. Les différentes épaiffeurs de cette branche, c'eft à dire fes différens diamètres extérieurs, feront les différentes fenfibilités de l'inftrument: plus fon diamètre

ter fink by an equal augmentation of the fpirituofity of the liquor.

Unlefs the branch be perfectly cylindrical, the meafure would be irregular. It may be a thin brafs tube filvered over, or a filver tube, cemented to the ball of glafs. Such metal tubes are eafily drawn through holes as wires; fo that one might be fure to have them cylindrical. The dilatation of that tube by heat, befides that it is too inconfiderable to be taken notice of, would combine itfelf with that of the liquor, of which I fhall fpeak hereafter.

I would ballaft the inftrument with quickfilver, in order to have it always ftand upright in the fame manner; and of this I would put in fuch a quantity that the moft fpirituous liquor, being heated as much as it can be in

the

---

mètre fera petit, plus l'Aréométre s'enfoncera pour une même augmentation de fpirituofité de la liqueur.

Cette branche devroit être parfaitement cylindrique; fans quoi elle introduiroit de l'irrégularité dans la mefure. On pourra la faire d'une tube de cuivre argenté ou d'argent, fort mince, cimenté avec la boule. On fait fort bien ces petits tuyaux de métal à la filière; ainfi on feroit fûr de les avoir cylindriques; et quant à l'effet qu'y produiroit la chaleur, il peut être compté pour rien. D'ailleurs il fe combinera avec celui que produira cette caufe fur la liqueur, et dont je parlerai ci-après.

Je lefterois l'inftrument avec du mercure, pour qu'il fe tînt toûjours de bout de la même manière; et je l'y mettrois en telle quantité, que la liqueur la plus fpiritueufe, échauffée autant qu'elle pourra l'être dans les expériences, laiffât enfoncer

the experiments, may let the Areometer sink nearly to the top of its branch. This branch should at the same time be long enough that the less spirituous liquors, wine for instance, reduced to congelation, may let a small part of it be immersed.

The instrument being thus prepared, I would take some weak spirit of wine dilated with one part of water on six parts of spirits of wine which fires gunpowder or linen which is steeped in. I would then determine the specific gravity of this spirit of wine at the temperature of $10°$ upon my Thermometer, or $54°\frac{1}{4}$ of FAHRENHEIT's, by means of a very nice hydrostatical balance. This liquor, undetermined at first, and which I should call only weak spirit of wine, on account of the intermination of the spirit which burns linen, will be determined as soon as a first Areometer shall have been

constructed

---

foncer l'Aréomètre jusques près du haut de sa branche; qui devroit être en même tems assez longue, pour que la liqueur la moins spiritueuse, le vin par exemple, réduit à la congélation, en laissât encore enfoncer une petite partie.

L'instrument ainsi préparé, je prendrois un esprit de vin foible, composé d'1 partie d'eau sur 6 parties d'esprit de vin qui brule la poudre, ou qui enflamme le linge dont il est mouillé. Je déterminerois la pesanteur spécifique de cet esprit de vin, tandis qu'il seroit à la température $10°$ de mon Thermomètre, ou $54\frac{1}{4}°$ de celui de FAHRENHEIT, en employant pour cette détermination une balance hydrostatique fort délicate. Cette liqueur, d'abord indéterminée, et que j'appellerai seulement esprit de vin foible, à cause de l'indétermination de l'esprit de vin qui brule le linge, sera déterminée dès qu'on aura fait un prémier Aréomètre

par

conftructed on this plan. It will be then a fpirit of wine, which, in the aforefaid temperature, being effayed by the hydroftatic balance, will weigh fo much a cube foot: and every inftrument-maker, who fhall undertake to conftruct fuch Areometers, will be obliged to begin by compofing this fixed liquor by the help of the hydroftatic balance, in order to conftruct his ftandard. And indeed all I have farther to fay upon the conftruction of the fcale of this inftrument, relates merely to a ftandard, to which the Areometers in ufe may be compared in order to form a fcale.

For this purpofe they may be dipped fucceffively in two liquids of very different fpecific gravities, and fuch that the ftandard may indicate thofe fpecific weights by whole numbers of degrees, the difference of which may admit of a divifion into aliquot parts: it will be very eafy fo to

modify

---

par cette méthode; ce fera de l'efprit de vin, qui, étant à la température fuf-dite, et éprouvé à la balance hydroftatique, pèfera tant par pied cube. Dès lors tout faifeur d'inftrumens qui voudra conftruire originalement des Aréomètres, devra premièrement compofer cette liqueur, par l'épreuve de la balance hydro-ftatique, pour conftruire fon étalon. Car tout ce qui fuit ne regardera plus en effet qu'un étalon, auquel les Aréomètres d'ufage feront fimplement comparés pour former leur échelle.

A cet effet on les mettra fucceffivement enfemble dans deux liqueurs de pefan-teur fpécifique fort différentes, et telles que l'étalon indique ces pefanteurs fpéci-fiques par des nombres entiers de degrés, dont la différence foit fufceptible d'être divifée en parties aliquotes. Il fera fort aifé de compofer ces deux liqueurs par

modify thofe two liquids by mixtures. And when the
two points at which the intended Areometer ftands in
the two liquors, fhall be marked upon it, the interval
between them may be divided into the number of degrees
indicated by the ftandard. Here the two points of comparifon cannot be too diftant from each other, at leaft if
the tubes of the two compared Areometers are cylindrical; for then their intermediate immerfions will always
be proportionate to the obferved immerfions. I point out
this, in order to give an example of the inftances in
which the confiderations, that are the object of this part,
do not take place. It is the fame as that in which Thermometers made of the fame liquid are divided by comparifon.

I return to the ftandard Areometer. I would dip
it into this known fpirit of wine, whilft it is at
the

des mélanges: et quand on aura marqué fur l'Aréomètre à conftruire les deux
points où il fe fera tenu dans les deux liqueurs, on en divifera l'intervalle dans le
même nombre de dégrés indiqué par l'étalon. Ici les deux points de comparaifon
ne fauroient être trop diftans l'un de l'autre; fi du moins les tubes des deux Aréomètres comparés font cylindriques: car alors leurs enfoncemens intermédiares
feront toûjours proportionnels aux enfoncemens obfervés. Je le fais remarquer
pour donner un exemple des cas où les confidérations qui font l'objet de cette
partie n'ont pas lieu. C'eft le même que celui où l'on divife par comparaifon
des Thermomètres faits d'un même liquide.

Je reviens à l'Aréomètre étalon. Je le plongerois dans cet efprit de vin connu,
tandis qu'il feroit à la température fixée; et je marquerois avec un fil fur fa
branche,

the fixed temperature, and would mark upon its branch, with a thread, the point to which it finks: afterwards I would mix three parts of water with feven parts of this fame fpirit of wine, to make a fort of brandy ftronger than the common; it would be the *three-fifths* of Languedoc, which confifts of two parts water and three parts fpirit of wine that fires gun-powder. I would again dip the Areometer into it, at the fame temperature, and would likewife mark this new point with a thread.

One may fee that, according to the principle I have above eftablifhed, I take points of comparifon which are within the limits of the greateft and fmalleft fpirituofity of the liquors to be tried, in order to obtain a fcale of equal parts, free from any fenfible error: and in this cafe that precaution is very neceffary; for the degrees of fpi-

rituofity

***

branche, le point où il s'enfonceroit. Puis je mêlerois à 7 parties de cet efprit de vin, 3 parties d'eau, pour en faire une eau de vie plus forte que l'eau de vie commune; ce feroit le *trois quints* de Languedoc, qui doit être 2 parties d'eau fur 3 parties d'efprit de vin qui brule la poudre. J'y plongerois de nouveau l'Aréomètre dans la même température, et je marquerois auffi ce nouveau point par un fil.

On voit que fuivant le principe que j'ai établi ci-devant, je prends des points de comparaifon en dedans de la plus grande et de la moindre fpirituofité des liqueurs qu'on éprouvera, pour obtenir une échelle en parties égales, fans erreur fenfible: et cela eft bien néceffaire ici; car les degrés de fpirituofité ne fuivent pas

rituofity do not follow thofe of fpecific gravity, as I fhall explain hereafter.

The points thus indicated upon the branch, having determined principles, will be the fixed points of the Areometer. The interval between them fhall be divided into 30 equal parts, each of which will reprefent $\frac{1}{30}$th of the total effect of the added water upon the fpecific gravity of the liquor. The fequel will fhew, that it is equally for the conveniency of trade, and of the work-man who fhall divide the fcale, that I have chofen this number.

I fuppofe that the ftandard will be conftructed in fuch a manner, that the difference of the finkings fhall be confiderable enough for this purpofe, which may be obtained by making the branch thin enough. One may afterwards, if it be thought fit, for Areometers of com-

mon

---

pas ceux de pefanteur fpécifique, comme je le dirai ci-après.

Les points indiqués ainfi fur la branche, ayant des principes déterminés, feront les points fixes de l'Aréomètre. On en divifera l'intervalle en 30 parties, qui feront des 30mes de l'effet total de l'eau ajoutée, fur la pefanteur fpécifique de la liqueur. On verra dans la fuite que c'eft autant pour la commodité du commerce, que pour celle de l'ouvrier qui divifera l'échelle, que j'ai choifi ce nombre de parties.

Je fuppofe que l'on conftruira l'étalon de manière que la différence d'enfonce-ment foit affez grande pour cet effet; ce qu'on peut obtenir en faifant la branche affez mince. On pourra enfuite fi l'on veut, pour les Aréomètres d'ufage peu

délicat,

mon ufe, and in which it is not neceffary that the branch
fhould be fo long, divide the fundamental interval into
15 parts, which will then be double degrees.

Having in this manner fixed points and determined
degrees upon the Areometer, the next thing is to chufe a
convenient place for the o of its fcale; and the beft will
be that by which all the effays of the liquors fhall be expreffed with the fame fign. To effect this, one may take
one of the wines of which brandy is moft commonly
made, and, reducing it to the temperature of water in ice,
dip the Areometer in it, obferving how much higher it
will ftand than the inferior fixed point. This excefs of
emerfion, compared with the fundamental fcale, and reduced to the neareft number of degrees which will be an
aliquot part of it, will be a proportional quantity fixed
for ever, which will be added to the fcale below the inferior

---

délicat, et où l'on ne voudra pas la branche fi longue, divifer l'intervalle fondamental en 15 parties, qui feront alors des doubles dégrés.

Ayant ainfi des point fixes et des dégrés déterminés fur l'Aréomètre, il faut
choifir une place commode pour fon zero; et le mieux eft de le placer de manière
que toutes les épreuves des liqueurs puiffent être exprimées avec le même figne.
Pour cet effet on pourra prendre un des vins donc on fait le plus communément
l'eau de vie, et le réduifant à la température de l'eau dans la glace, y plonger l'Aréomètre, obfervant de combien il s'enfoncera de moins que le point fixe inférieur.
Ce furplus d'émerfion, comparé à l'intervalle fondamental, et réduit au nombre
le plus prochain de dégrés qui fe trouvera une partie aliquote de cet intervalle,
fera une quantité fixée pour toûjours, qu'il faudra ajouter à l'echelle au deffous
du

ferior fixed point, and determine the place of o. I fuppofe, for inftance, that this excefs of emerfion fhould be
about 15°, or the half of the fundamental fcale: I would
then fix it at this number; and in that cafe one fhould
conftantly add half the fundamental diftance below the
inferior fixed point, and from thefe begin to count the
degrees. I mean that the o would be at the bottom of
the whole fcale, the inferior fixed point would be at 15°,
the fuperior at 45°, and the fcale could be prolonged at
the top as much as fhould be neceffary for the effays of
the moft fpirituous liquors. It is after this manner that
the o of FAHRENHEIT's Thermometer is now determined; and that being placed at 32° below the inferior
fixed point, the greater part of the obfervations are expreffed upon it in pofitive degrees; fo that it is only in
extraordinary cafes that they are affected with the *minus*
fign.

---

du point fixe inférieur. Je fuppofe par exemple que ce furplus d'emerfion fe
trouvât de près de 15°, ou de la moitié de l'échelle fondamentalle; je le fixerois
à ce nombre; et ainfi j'ajouterois toûjours une moitié de l'intervalle fondamental
au deffous du point fixe inférieur, pour commencer de là à compter les degrés
de l'echelle. Ainfi le o feroit tout au bas, le point fixe inferieur feroit
à 15°; le point fixe fupérieur à 45°; et l'echelle feroit prolongée dans le
haut autant qu'il feroit néceffaire pour fournir à l'effai des liqueurs les plus
fpiritucufes. C'eft ainfi que le zéro du Thermomètre de FAHRENHEIT eft
à prefent déterminé, et que fe trouvant ainfi placé à 32° au deffous du point fixe
inférieur, la majeure partie des obfervations y eft exprimée en dégrés pofitifs; et
qu'il faut des cas extraordinaires pour qu'elles foyent accompagnées du figne
moins.

fign. It would be convenient to pay a regard to this in all inftruments, when no other reafons interfere.

I come now to the correction for the differences of the heat. I would take a liquor of mean fpirituofity, as for inftance a mixture of one part of water and feven parts of the fpirits of wine determined by the hydroftatic balance: into this liquor, reduced to the temperature of 45° of FAHRENHEIT, I would plunge the Areometer already graduated, and obferve the point to which it finks. I would afterwards heat the liquor to 65°, and again obferve the finking of the Areometer. One might likewife make ufe of the fcale of my Thermometer, and obferve the finkings at 5 and 15 of my degrees, which would come fenfibly to the fame.

This

---

moins. Il feroit commode d'avoir égard à cela dans tous les inftrumens, quand rien d'allieurs ne s'y oppofe.

Je viens à la correction pour les différences de la chaleur. Prenant une liqueur de fpirituofité moyenne, comme par exemple le mélange d'1 partie d'eau à 7 parties de l'efprit de vin fixé par la balance hydroftatique, je plongerois l'Aréomètre, déja gradué, dans cette liqueur réduite à la température de 45° de FAHRENHEIT, et j'obferverois le point où il s'enfonceroit : j'échaufferois enfuite la liqueur à 65°, et j'y obferverois encore l'enfoncement de l'Aréomètre. On pourroit auffi, en employant l'échelle de mon Thermomètre, obferver les enfoncemens à 5 et à 15 de mes dégrés, ce qui reviendroit fenfiblement au même.

Cette

This obfervation being made, one may conceive that it would be eafy to form a table in which one might exprefs, in degrees of the Areometer, the effects of the differences of heat corréfponding to each degree of one or other of the Thermometers, fetting out from a fixed point; fince the effect correfpondent to each degree of the Thermometer, will be looked upon as proportionate to that which fhall have been found in the fundamental obfervation.

But I would prefer another method, which I have recommended in my work[g], becaufe I have found it of great ufe in practice; that is, to make a particular fcale for the Thermometer intended for thefe experiments, by changing the number of the degrees contained between

(g) VoL. I. p. 390.

the

Cette obfervation faite, on comprend qu'il feroit aifé de former une table, dans laquelle on exprimeroit, en dégrés de l'Aréomètre, les effets des différences de chaleur, correfpondans à chaque dégré de l'un ou de l'autre des Thermomètres, à partir d'un point fixe; car l'effet correfpondant à chaque dégré du Thermomètre, fera regardé comme proportionnel à celui qu'on aura trouvé dans l'obfervation fondamentale.

Mais je préférerois une autre méthode, que j'ai recommandée dans mon ouvrage (g), parce que je l'ai trouvée d'une très grande commodité dans la pratique; c'eft de faire une échelle particulière pour le Thermomètre deftiné à ces épreuves; en changeant le nombre des degrés renfermés entre fes points fixes,

(g) Tom. I. p. 390.

pour

the fixed points, in order to eftablifh an eafy proportion between them, and the degrees of the Areometer,
and that thus one might make the correction without
tables. It would be eafy, for inftance, to make the degrees
of the Thermometer anfwer to quarters of degrees of
the Areometer; for in that cafe, reckoning them from
a fixed point, one would only have to correct the obfervations made upon the Areometer, by a quarter of the
number of degrees indicated upon the Thermometer,
which feems to me very convenient: and as it is always
eafier to add than to fubtract, I would place the o of this
Thermometer at the point of the greateft ordinary heat
of the air, or about 24° of my Thermometer, and 86° of
FAHRENHEIT's: for then, reckoning the degrees of the
Thermometer downwards, one fhould only add them to
the indication of the Areometer ; fince the cooling of the

liquor

---

pour qu'ils euffent un rapport fimple avec ceux de l'Aréomètre, et qu'on pût
ainfi fe paffer de tables. Il feroit fort aifé, par exemple, que les dégrés du Thermomètre correfpondiffent à des quarts de dégrés de l'Aréomètre; et alors, les
comptant depuis un point fixe, on n'auroit qu'à corriger l'obfervation faite fur
l'Aréomètre, par le quart du nombre des dégrés qu'indiqueroit le Thermomètre;
ce qui me paroitroit fort commode. Et comme il eft toûjours plus aifé d'addi-
tionner que de fouftraire, je placerois le zéro de ce Thermomètre au point de la
plus grande chaleur ordinaire de l'air, c'eft à dire aux environs de 24° de mon
Thermomètre, ou 86° de FAHRENHEIT; car alors, comptant les dégrés du
Thermomètre en defcendant, il faudroit les ajouter à l'indication de l'Aréomè-

liquor from this fixed point of temperature would leſſen the effect of the ſpirituoſity in the immediate indication of the Areometer, comparatively with what it ſhould be found at this determined point.

I have here alſo taken, for the compariſon of the indication of the Thermometer with the denſity of the ſame liquor differently warmed, terms which are within the extremes of the common obſervations, becauſe here ſeveral cauſes are combined in the ſame effect. 1. The progreſſion of the dilatations of ſpirituous liquids comparatively to quickſilver. 2. The different progreſſions of the liquids of different degrees of ſpirituoſity. 3. The change of bulk of the inſtrument itſelf in liquors of different temperatures. It became then neceſſary to avoid taking the fundamental terms of compariſon very wide of each other,

---

tre; puiſque le réfroidiſſement depuis ce point fixe de température, diminueroit l'effet de la ſpirituoſité ſur l'indication immédiate de l'Aréomètre, comparativement à ce qu'on la trouveroit à ce point déterminé.

J'ai pris encore ici pour la compariſon de l'indication du Thermomètre avec la denſité d'une même liqueur différemment chaude, des termes qui ſe trouvent en dedans des extrèmes des obſervations ordinaires; parce qu'ici pluſieurs cauſes ſe combinent dans un même effet, ſavoir, 1°. La marche des dilatations des liqueurs ſpiritueuſes comparativément au mercure. 2°. La différence de marche des liqueurs de différent dégré de ſpirituoſité. 3°. Les changemens de volume de l'inſtrument lui même dans les liqueurs différemment chaudes. Il falloit donc éviter de prendre les termes fondamentaux de compariſon à une grande diſtance, de peur

de

other, left the error arising from considering the immer-
sions of the Areometer, occasioned by the changes of
temperature of the liquor, as being exactly proportionate
to the indications of the Thermometer, should thereby
be rendered sensible.

Every part of the Instrument being thus determined,
it will be easy to construct it every where in an uniform
manner. Experiments will then be made, and the degree
of spirituosity which liquors in trade, under certain de-
nominations, ought to have, will be fixed: *spirit of
wine*, for instance, *brandy* named *three-fifths* in Languedoc, that which is called *proof of Holland*, or any
other. These points being known, as the standard of
the precious metals fixed by the different States that coin
money, there will then be established a proportionate
value of the *degrees of spirituosity*, which should be
found

de rendre sensible l'erreur qui resultera toûjours de considérer les enfoncemens de
l'Aréomètre provenans des variations de la chaleur de la liqueur, comme
exactement proportionnels aux indications du Thermomètre.

Toutes les parties de l'Instrument étant ainsi déterminées, il sera aisé de le con-
struire partout d'une manière uniforme. On fera alors des expériences, et l'on
fixera à certains points de l'Aréomètre, le dégré de spirituosité que devront avoir
les liqueurs attendues dans le commerce sous certaines dénominations; l'*esprit de
vin*, par exemple, l'*eau de vie* nommée *trois quints* en Languedoc, celle qu'on
nomme *à l'épreuve de Hollande*, ou telle autre : et ces points étant connus,
comme on connoit les titres des métaux précieux fixés par les divers Etats qui
battent monoye, il s'établira aussi une valeur proportionnelle des *dégrés de spiritu-*

osité

found more or lefs than the expected degree, as there is
a price for the *karat* of gold or *denier* of filver, by which
the feller and buyer might always be able to do themfelves juftice.   For inftance, every degree lefs than the
point fixed for the common *fpirit of wine* would be $\frac{1}{70}$
to be made good by the vender, that is about $1\frac{1}{2}$ *per cent.*
in the language of trade, and 1 *per cent.* only on *brandy*
named *three-fiths*.

When this Areometer fhould have come into general
ufe, the Police of the places in which the trade of fpirituous liquors is carried on, might take cognizance of it,
and keep the public ftandard of the Areometer, as they
keep the ftandards of weights and meafures. The infpec-
tors of that trade would thus have fixed modes of effaying, and the public all the neceffary fecurity.

There

---

ofité de plus ou de moins que le dégré attendn; comme il y a un prix pour le
karat de l'or et le *denier* de l'argent: par où le vendeur et l'acheteur pourront
toûjours fe faire juftice.   Par exemple, chaque dégré de moins que le point fixé
pour l'*efprit de vin* ordinaire, feroit $\frac{1}{70}$ à bonifier par le vendeur, ou environ $1\frac{1}{2}$
pour cent en terme de commerce; et 1 pour cent feulement fur l'*eau de vie trois
quints*.

   Quand cet Aréomètre feroit devenu d'un ufage un peu général, la Police des
lieux où fe fait le commerce des liqueurs fpiritueufes, pourroit en prendre connoiffance, et conferver l'étalon public de l'Aréomètre, comme elle tient en dépôt
ceux des mefures et des poids.   Les infpecteurs prépofés auroient ainfi des
épreuves fixes, et le Public toute la certitude néceffaire fur cet objet.

3l

There would be little advantage, with refpect to exact-nefs, in making of fpirit of wine the Thermometer in tended for thefe effays; though its variation would be more exactly conformable to the effects of heat upon li-quors of the fame fpecies: for it has been feen how far, by the method I propofed, the differences vanifh; and, on the contrary, there would be a lofs on two accounts: the one, that this Thermometer would be much lefs fen-fible than the quickfilver one; the other, that it is much more difficult to conftruct it, when one wants to make it upon fixed principles, and this the rather as good workmen have loft the habit of making them.

One fees, moreover, that the fame Areometer may *(mu-tatis mutandis)* be ufed to meafure the faltnefs of water. Upon which I fhall only obferve, that the manner indi-cated of fixing the correction for the heat, would be ftill

more

Il y auroit peu à gagner pour l'exactitude, à faire d'efprit de vin le Thermo-mètre deftiné à ces épreuves, quoique fa marche fût dans le fond plus conforme aux effets de la chaleur fur des liqueurs de même efpèce; car on a vu à quel dégré la méthode que je propofe a fait difparoitre les différences: et il y auroit à perdre au contraire à deux égards, l'un que ce Thermomètre feroit bien moins fenfible que celui de mercure, l'autre qu'il eft bien plus difficile à conftruire, lorfqu'on veut le faire fur des principes certains; d'autant plus que les bons ouvriers ont perdu l'habitude d'en faire.

On voit au refte que le même inftrument peut être employé à mefurer la falure de l'eau, *mutatis mutandis*. Sur quoi je ferai remarquer feule-ment, que la manière indiquée de fixer la correction pour la chaleur y feroit d'autant plus néceffaire, qu'il y a plus de différence dans la marche des effets de la chaleur,

more neceffary in that cafe, as there is a ftill greater difference in the progreffions of the effects of heat, between
waters differently falted, than there is between liquors
that have a different degree of fpirituofity; as may be
feen by the experiments upon this fubject which I have
explained in my work [b].

Whatever approximation the method which I have
applied to the conftruction of the Areometer may give
towards indicating, by equally diftant degrees upon the
inftrument, equal differences of fpirituofity or faltnefs
of the liquids into which it is dipped; it will ftill be true
that it will only fhew equal differences in the fpecific

[b] Vol. I. p. 271.—One may alfo fee, in the defcription of fig. 3, the method of applying this inftrument to meafure in general the fpecific gravity of
all liquids in which it can fink.

gravity

---

chaleur, entre les eaux différemment falées, qu'entre les liqueurs différemment
fpiritueufes; comme on peut le voir par les expériences que j'ai rapportées à ce
fujet dans mon ouvrage *(h)*.

Quelque approximation que fourniffe la méthode que j'ai appliquée à la conftruction de l'Aréomètre, pour indiquer, par des dégrés également diftans fur
l'inftrument, des différences égales entr'elles de fpirituofité ou de falure des
liquides dans lefquels on le plongera; il fera toûjours vrai fans doute, qu'il ne
montrera exactement que des différencès égales dans la pefanteur fpécifique de ces

(h) Tom. I. p. 271.—Voyez auffi dans la defcription de la fig. 3. le moyen d'employer cet inftrument
pour mefurer en général la pefanteur fpécifique des liquides où il peut s'enfoncer.

liquides,

gravity of the liquids, to which the equal differences of faltnefs or fpirituofity will not exactly anfwer.

But the inftrument being conftructed upon fixed principles, one might afterwards feek for the true laws which the different intenfities of thefe caufes follow, when the changes in the fpecific gravity are equal between them; as I have already done (from an idea of Mr. LE SAGE's) for the real differences of heat correfpondant to degrees equally diftant upon the Thermometer[i]; a determination which would be ufeful in the particular cafes in which the approximation given by the inftrument would not be fufficient.

I have not yet executed this inftrument; nor indeed is it neceffary that I fhould undertake to do it, in a country

(i) Vol. I. p. 285.

where

---

liquides, auxquelles ne correfpondront pas auffi exactement des différences égales de falure ou de fpirituofité.

Mais l'inftrument étant conftruit fur des principes fixes, on pourroit enfuite chercher les vraies loix que fuivent les différences d'intenfité de ces caufes auxquelles correfpondent des changemens égaux entr'eux dans la pefanteur fpécifique; comme je lai fait (d'après une idée de M^r LE SAGE) pour les différences réelles de chaleur qui produifent des dégrés également diftans fur le Thermomètre (i); fixation qui ferviroit dans quelques cas particuliers, où l'approximation fournie par l'inftrument ne feroit pas fuffifante.

Je n'ai pas encore pu exécuter cet Aréomètre; et il eft peu néceffaire même que je l'entreprenne, dans un pays où tant d'artiftes font en état de me com-

(i) Tom. I. p. 285.

prendre

where fo many artifts will underftand me by this defcription, and may even fupply what I have omitted. And fhould any one be defirous of undertaking it, I would willingly affift him by communicating to him fome ideas for the execution, which would have made this paper too long.

Conclufion with refpect to phyfical meafures in general.

Though the Areometer is ufeful in itfelf, the chief reafon of my dwelling upon it was to give an example of the general rule I have before eftablifhed.

Here are in this cafe only three phyfical effects, the degrees of which are not proportionate to their apparent caufes, and which are united under the appearance of one

fingle

---

prendre fur cette defcription, et de fuppléer même à ce que je pourrois avoir ommis : et je me ferois d'ailleurs un plaifir d'aider le premier qui voudra l'entreprendre, en lui communiquant quelques idées de détail dans l'exécution, qui auroient trop allongé ce mémoire.

Conclufion fur les Mefures phyfiques en général.

Quoique l'Aréomètre aît de l'utilité par lui même, je me fuis principalement arrêté à expliquer fes principes, pour donner un exemple de la règle générale que j'ai établie.

Voila, dans un feul cas, trois effets phyfiques dont les degrés ne font pas proportionnels à ceux de leurs caufes, réunis même fous l'apparence d'un feul,

2   *favoir*

single effect, namely, the different sinking of the Areometer. In the first place, it will not always sink in liquors of
different densities in general, proportionally to these densities, on account of the changes of its own bulk by heat,
and the possible irregularity of its branch.   Secondly, it
will not sink in proportion to the changes of temperature
of the liquor, because the changes of density of the latter
will not follow the same law as the changes of temperature.
I have already mentioned these two causes of error; but
here is a third.   The Areometer will not sink exactly in
the inverse ratio of the quantities of flegm; because the
specific gravity of the liquor does not follow the proportion of these quantities.   It has an increasing progres-
sion; and here the immediate cause of this disproppor-
tion, which is evident, may give us an idea of what takes
                                                              place

---

savoir l'enfoncement différent de l'Aréomètre.   D'abord il ne s'enfoncera pas
toûjours dans les liqueurs de différentes densités en général, proportionnellement à
ces densités; à cause de ses propres changemens de volume par la chaleur, et de
l'irrégularité possible de son tube.   Ensuite il ne s'enfoncera pas proportionnellement aux changemens de température de la liqueur; parce que les changemens
de densité de celle-ci ne suivront pas la même loi que les changemens de température.   J'ai déja indiqué ces deux causes d'erreur; mais en voici une troisième.
L'Aréomètre ne s'enfoncera pas exactement en raison inverse des quantités de
flegme; parce que la pesanteur spécifique de la liqueur ne suit pas le rapport de
ces quantités; elle a une marche croissante.   Et ici, la cause prochaine de cette
disproportion, qui est évidente, peut nous donner une idée de ce qui se passe

place in Nature, and hinders phyſical effects from ap-
pearing proportional to their cauſes, in our obſervations.

The ſpirit and the flegm penetrate each other; that is
to ſay, the bulk of the mixture is a little leſs than the
ſums of the two bulks before the mixture; and ſo the
ſpecific gravity, which is the weight or the quantity of
matter under a certain bulk, increaſes a little in the
mixture, comparatively with the mean ſpecific gravity of
the component parts.   This penetration ſeems to me to
give us ſóme idea of the hidden cauſes in bodies, which
modify, unknown to us, the effects of the apparent
cauſes, and prevent the obſerved effects being proportional to theſe.

One muſt therefore, in order to have equal degrees in
the Areometer, without ſenſible error upon the ſpirituoſity

---

dans la Nature, et qui empêche les effets phyſiques d'être proportionnels à leurs
cauſes dans nos obſervations.

L'eſprit et le flegme ſe pénètrent; c'eſt à dire que le volume du mélange eſt
un peu moindre que la ſomme des deux volumes avant le mélange: ainſi la peſanteur ſpécifique, qui eſt le poids ou la quantité de matière, ſous un certain
volume, augmente un peu dans le mélange, comparativement à la peſanteur ſpecifique moyenne des compoſans.   Cette pénétration repréſente aſſez bien ce me
ſemble les cauſes caehées dans les corps, qui modifient à notre inſu les effets des
cauſes apparentes, et empêchent que les effets obſervés ne leur ſoyent proportionnels.

Il faut donc, pour avoir des degrés égaux dans l'Aréomètre ſans erreur ſenſible
ſur la ſpirituoſité qu'il doit meſurer, fixer ces degrés par la comparaiſon d'effets
obſervés

ofity that it is intended to meafure, fix thefe degrees by the comparifon of effects obferved within the limits of the common obfervations : and this is the fecureft way in practice; for how could one make a fcale follow all thefe different laws?

This is what I propofed to apply to phyfical effects of all kinds which have unequal degrees, by equal differences in the intenfity of their caufes, or by equal degrees of fome co-effect more eafily obferved, and which fhould be made ufe of to determine the other.

In order to make the advantage of this method more confpicuous, I will now apply it to the co-effects the moft different which exift perhaps in Nature, I mean the augmentations of the bulks of quickfilver and water by the fame augmentations of heat.

I will

---

obfervés en dedans des limites des obfervations ordinaires; et c'eft le chemin le plus fûr dans la pratique; car comment pourroit on faire fuivre à une échelle toutes ces différentes loix.

Voilà ce que je me propofois d'appliquer aux effets phyfiques de tout genre, qui ont des degrés inégaux, par des différences égales d'intenfité de leurs caufes, ou par des degrés égaux de quelque co-effet, plus aifé à obferver, et qui devroit fervir à déterminer les autres.

Pour rendre l'utilité de cette méthode plus frappante, je vais l'appliquer aux co-effets les plus difparates peut-être qu'il y ait dans la Nature; je veux dire les augmentations de volume du mercure et de l'eau, par les mêmes augmentations de la chaleur.

Je

I will only put the fame cafes I have explained before
for fpirituous liquors: the firft, in which the actual trial
has been made at 80° of the Thermometer, the fecond,
in which it is fuppofed to be made at 20°, both compared with o; and the third, in which the trial is made
at 5° and 15°. The deviations of the three cafes between
the temperatures of o and 20° (reputed to be the limits
of the common obfervations) are as follow:

1ft cafe.

Je poferai fimplement les mêmes cas que j'ai expliqués ci-devant pour les
liqueurs fpiritueufes; le premier où l'épreuve actuelle a été faite à 80° du Thermomètre; le fecond où elle eft cenfée faite à 20°; l'un et l'autre comparativement à o: et le troifième où cette épreuve eft faite à 5° et à 15°. Les écarts des
trois cas, 3 entre les températures de o et 20°, cenfées être les limites des
obfervations ordinaires, font comme fuit.

1ft cafe.		2d cafe.		3d cafe.	
Therm.	Dil. of water.	Therm.	Dil. of water.	Therm.	Dil. of wat.
80	80				
. . .	. . . .				
20	4,1	20	20	20	27,5
15	1,6	15	7,8	15	15
10	0,2	10	1	10	8
5	−0,4	5	−1,9	5	5
0	0	0	0	0	+7

In the change of the expreffion of the dilatations ot
the water in the third cafe, as in the correfponding cafe for
the fpirituous liquors above mentioned, it was neceffary
to confider as o or x the bulk of the matter correfponding
with 5° upon the quickfilver Thermometer, fince it is

with

1ᶜʳ cas.		2ᵈ cas.		3ᵐᵉ cas.	
Therm.	Dilat. de l'eau.	Therm.	Dilat. de l'eau.	Therm.	Dilat. de l'eau.
80	80				
. . . .	. . . .				
20	4,1	20	20	20	27,5
15	1,6	15	7,8	15	15
10	0,2	10	1	10	8
5	−0,4	5	−1,9	5	5
0	0	0	0	0	+7

Dans le changement de l'expreffion des dilatations de l'eau au 3ᵐᵉ cas, comme
dans le cas correfpondant ci-devant pour les liqueurs fpiritueufes, il a fallu
d'abord confidérer comme zéro ou z le volume de l'eau correfpondant à 5° fur le

Ther-

with this point that its bulk at the temperature $15°$ is compared. Making afterwards equal to $15-5=10$ the number of the equal parts which meafure the augmentation of the bulk of water, inftead of $1,6+0,4=2$, which was the number in the firft cafe taken from the experiment, I have changed all thefe terms in the proportion of 2 to 10, which has preferved the fame proportions between them. After this the expreffion of the Thermometer continuing the fame, that is, its o or x remaining $5°$ lower than the inferior points of the actual comparifon, in order to have, without calculation, the deviations within and without thofe points of comparifon, it was neceffary to add 5 to all the firft numbers which exprefs the real dilatations of the water. I might have fubtracted 5 from each indication of the Thermometer, which would have come to the fame. It will be

eafily

Thermomètre de mercure; puifque c'eft avec ce point que fon volume à la température $15°$ eft comparé. Faifant enfuite égal à $15-5=10$ le nombre des parties égales qui mefure l'augmentation de volume de l'eau, au lieu de $1,6+0,4$ $=2$ qu'étoit ce nombre dans le premier cas tiré de l'expérience, j'ai changé tous les termes dans le rapport de 2 à 10; ce qui a confervé les mêmes proportions entr'eux. Après quoi, l'expreffion du Thermomètre reftant la même, c'eft à dire fon *zéro* ou z reftant de $5°$ plus bas que le point inférieur de comparaifon actuelle; pour avoir fans calcul les déviations au dedans et au dehors de ces points de comparaifon, il a fallu ajouter 5 à tous les nombres qui expriment les dilatations réelles de l'eau. J'aurois pu retrancher 5 à chaque indication du Thermomètre, ce qui feroit revenu au même. On verra aifément je crois que c'eft là la

route

eafily feen, I believe, that this was the road to follow in
order to tranfpofe, in the third cafe, thofe proportions
found by experiment, which immediately conftitute the
fecond. I proceeded in the fame manner in the example drawn from the two fpirituous liquors. As to the fecond
cafe, as well for thefe liquors as for the water, it is evident, that the change of the fcale which meafures their
dilatations, occafions no change in the proportions of the
terms found by experiment.

I repeat it, I do not believe one has ever obferved,
in any cafe, two co-effects of the fame caufe which follow more difproportioned progreffions, than thefe dilatations of quickfilver and water by the fame augmentations of heat: and yet one fees, that by this method (I
mean by obferving the real proportions of the co-effects
within the ordinary limits of the intenfities of the caufes)

one

---

route qu'il falloit fuivre, pour tranfporter dans le 3me cas, ces rapports trouvés
par l'expérience qui forment immédiatement le premier. J'ai procédé de la
même manière dans l'exemple tiré des deux liqueurs fpiritueufes. Quant au
fecond cas, tant pour ces liqueurs que pour l'eau, il eft évident que le changement
de l'échelle qui mefure leurs dilatations, n'en apporte aucun dans le rapport des
termes trouvés par l'expérience.

Il ne me femble pas, je le répéte, qu'on aît obfervé en aucun cas, deux co-
effets d'une même caufe qui fuivent des marches plus difproportionées que ces
dilatations du mercure et de l'eau par les mêmes augmentations de la chaleur ; et
cependant on voit que par cette méthode (je veux dire en prenant par obfervation
des rapports des co-effets au dedans des limites ordinaires des intenfités des caufes)
on

one leffens much the errors in the other terms, which will refult from fuppofing them to be proportionate to the obferved proportions; and that one procures a fenfible exactnefs near the points of actual trial, which are at the fame time near the greateft number of the cafes of practice for which one wifhes to find meafures.

And if one confiders co-effects in general, fetting afide this extreme difparity, one will perhaps feldom meet with any, which follow laws more different than the correfponding dilatations of quickfilver and brandy: even very frequently they will not deviate more than thofe of brandy and fpirits of wine; and in that cafe it has been feen, that this method reduces fo much the deviations by throwing them out of the limits of the ordinary cafes, that it may be ufed without fenfible error, when thofe

co-effects

---

on diminue beaucoup les écarts qu'on fera dans les autres termes en les fuppofant proportionnels aux rapports obfervés; et qu'on fe procure même fenfiblement l'exactitude, aux environs des points d'épreuve actuelle, qui font en même tems les plus près du plus grand nombre des cas de pratique pour lefquels on cherche des mefures.

Et fi l'on confidère les co-effets en général, mettant à part cette extrème difparité, on en trouvera peut-être rarement qui fuivent des loix plus différentes que les dilatations correfpondantes du mercure et de l'eau de vie; très fouvent même ils ne s'écarteront pas davantage que celles de l'eau de vie et de l'efprit de vin; et alors on a vu, que cette méthode y réduit tellement les écarts, en les rejettant hors des limites des cas ordinaires, qu'on pourra l'employer fans erreur

fenfible,

co-effects are not followed in all their degrees. Whilst, on the other hand, the method of taking the fundamental proportions in points which are very distant, under the idea of lessening the effects of the errors, is exactly that which accumulates a greater quantity of them upon the intermediate cases, which are the most frequent, and often the only ones in the which there is need in practice of knowing the co-effects by one another.

One must not, therefore, seek the power of the Thermometer which corrects watches, invented by the immortal HARRISON, by trying it in the temperatures of artificial congelation and in a stove; for that is the way of destroying a great part of its correcting effect, in the very cases wherein it is most necessary, by accumulating on them the deviations of two co-effects, probably very little proportional, namely, the changes of the elastic force

of

---

sensible, quand on n'aura pas suivi ces co-effets dans tous leurs degrés. Tandis que celle de chercher leurs rapports en des points fort éloignés, dans l'idée de diminuer l'effet des erreurs, est précisément le moyen d'en accumuler le plus sur les cas intermédiares, qui sont les plus fréquens; et souvent les seuls où l'on ait besoin de connoitre les co-effets les uns par les autres.

Il ne faut donc pas, par exemple, chercher le pouvoir du Thermomètre correcteur des montres, inventé par l'immortel HARRISON, en l'éprouvant dans les températures d'une congélation artificielle et d'une étuve : car c'est le moyen de lui ôter une grande partie de cet effet correcteur, dans les cas où il est le plus nécessaire; puisque c'est y accumuler les écarts de deux co-effets probablement très peu proportionnels; savoir les changemens de force élastique d'un ressort

of a fpiral fpring, combined with all the other alterations
heat produces in a watch, and the different degrees of
bending of a lamella compofed of two metals differently
dilatable by heat. I am apt to believe, that a part of the
irregularities which ftill continue in thefe watches with
correcting Thermometers, proceed from not having tried
their effects within the limits of the natural temperatures to which the watches are expofed.

    For the fame reafon it will not be proper to ufe very
great differences of heat in the experiments intended to
find the required combination of the two fubftances in
the pendulum: on the contrary, it will even be better to
make them within the limits of the natural variations of
heat which the pendulum will meet with in its place:
for by that means, though thefe fubftances have not probably

---

fpiral, combinés avec toutes.les autres altérations que produit la chaleur dans
une montre, et les différentes courboures qu' éprouve une lame compofée de deux
métaux differemment dilatables par la chaleur.   Auffi fuis-je porté à croire,
qu'une partie des irrégularités qui reftent encore dans ces montres à Thermomètres correcteurs, viennent de n'avoir pas cherché leurs effets au dedans des limites
des températures naturelles où les montres font expofées.

    Par la même raifon il ne faudra pas employer de très grandes différences de
chaleur dans les expériences deftinées à trouver la combinaifon convenable des.
deux matières dans le pendule; et au contraire il conviendra de les faire en
dedans même des limites des variations naturelles de chaleur que le pendule
éprouvera à fa place: car par là, quoique ces matières n'ayent probablement pas
                                                                              la

bably the same progreffion by heat, one will not perceive in practice the effects of their differences.

One muft not neither, from the compared dilatations of air and quickfilver in paffing from the freezing to the boiling point, conclude the relation of the denfities of the air in the atmofphere with the height of the quickfilver in the Thermometer. For here, as in the comparifon between fpirituous liquors and quickfilver, we have a double error to guard againft, that which may arife from the differences in the progreffion of all air and quickfilver by the variations of the heat, and that which more or lefs exhalations and vapours certainly do produce in the dilatations of the former. I believe, therefore, that to confine one's felf, in feeking for a common rule, within the limits of the moft frequent natural variations of heat, and obferving their effects in the atmofphere itfelf, will be

the

la même marche par la chaleur, on fera fenfiblement à l'abri des effets de leurs différences.

Il ne faudra pas non plus chercher, par les rapports des dilatations de l'air et du mercure en paffant de la glace à l'eau bouillante, ceux des denfités de l'air dans l'atmofphère avec la marche du Thermomètre. Car ici, comme dans la comparaifon des liqueurs fpiritueufes au mercure, nous avons double erreur à prévenir: celle qui peut refulter des différences dans les marches de tout air et du mercure par les variations de chaleur, et celle que produifent furement dans la marche du premier, le plus ou le moins de vapeurs et d'exhalaifons qu'il contient. Se renfermer donc, pour la recherche d'une règle commune, dans l'étendue des variations de chaleur les plus fréquentes, en obfervant leurs effets dans l'atmo-

fphère

the fureft mean of diminifhing the errors, till fuch time
as one fhall be able to follow thefe variations of denfity
though all their caufes; enquiries worthy the greateft
care of natural philofophers.

For the fame reafons it will not be in the greateft and
leaft degrees of heat in the atmofphere that we muft take
the fundamental proportions of the refractions with the
Thermometer: for unlefs one was likewife to determine
by experiment fome of the intermediate proportions,
one would probably be expofed to very great errors;
confidering firft, in general, that the changes of the denfity of air by heat may poffibly, as I have juft faid, not
obferve the fame law as thofe of the quickfilver in the
Thermometer; confidering likewife that the changes of
the denfity of the atmofpherical air by heat are probably

accom-

---

fphère même, fera je crois le moyen le plus fûr de diminuer les erreurs, jufqu'a
ce qu'on foit en état de fuivre pas à pas ces variations de denfité par toutes leurs
caufes; recherches dignes du plus grand foin des phyficiens.

Par les mêmes raifons il ne faudra pas chercher dans les plus grandes et les
moindres chaleurs de l'atmofphère, le rapport des réfractions avec le Thermomètre: car à moins de déterminer auffi par l'expérience quelques uns des rapports
intermédiares, on feroit probablement fujet à de très grandes erreurs: vu d'abord
en général, que les changemens de denfité de l'air par la chaleur, pourroient
bien, comme je viens de la dire, ne pas fuivre la même loi que ceux du mercure
dans le Thermométre: vu encore que les changemens de denfité de l'air atmo-
fphérique

accompanied with a change of its nature, by the mixture of vapours and exhalations, which may occafion great variations in the law of dilatations; confidering above all, that the changes of refringent power and of denfity are two co-effects of very different nature, the progreffions of which may differ more, than thofe of the denfities alone in different bodies. Here then are complications of complications, which may very likely accumulate errors in the intervals of the proportions furnifhed by experience between the refractions and the indications of the Thermometer, if thofe proportions were taken in points very far diftant. The application of the theory of refractions to the practice of aftronomy is as delicate as important, and cannot be viewed in too many lights; which determines me not to infift farther

here

---

fphérique par la chaleur, font probablement accompagnés de changement dans fa nature par le mélange des vapeurs et des exhalaifons, ce qui peut rendre la loi de fes dilatations très variable; vu furtout que les changemens de vertu refringente et de denfité, font deux co-effets de nature bien différente, et dont les marches peuvent s'écarter davantage, que celles des denfités feules dans différens corps. Voilà donc des complications de complications, qui pourroient bien accumuler des erreurs dans l'intervalle des rapports fournis par l'expérience entre les réfractions, et les indications du Thermomètre, fi ces rapports étoient pris en des points fort éloignes. L'application de la théorie des refractions à la pratique de l'aftronomie, eft auffi délicate qu'importante, et l'on ne fauroit l'envifager

here on this object, but to confider it by itfelf in another
Paper.

As to phyfical co-effects in general, and I dare affert it
here, in co-effects of all kinds, if one cannot fix all their
relations, degree by degree, by immediate and fure obfervations, one muft avoid deducing general rules from
relations taken in the extremes. The action of caufes,
moral as well as phyfical, whether from the variety
of the fubjects on which they act, whether from fecon-
dary ones which efcape our obfervations, is too complicated, for the obfervable modifications to increafe in the
exact proportion of the evident caufes; and confequently
for the co-effects of thefe to be proportionate between
themfelves.

I fhall

---

fager par trop de faces; ce qui me détermine à ne pas m'étendre d'avantage
ici fur cet objet, pour la traiter à part dans un autre Mémoire.

Quant aux co-effets phyfiques en général, et j'ofe le dire ici, dans les co-effets
de tout genre, fi l'on ne peut pas fixer tous leurs rapports degré par degré par des
obfervations immédiates et fures, il faut éviter de tirer des règles générales, de
rapports pris dans les extrêmes. L'action des caufes, tant morales que phyfiques, eft trop compliquée, foit par la variété des fujets fur lefquels elles agiffent, foit par des caufes fécondaires qui échappent à nos obfervations, pour que
les modifications obfervables croiffent en proportion exacte des caufes évidentes;
et par conféquent, pour que les co-effets de celles-ci foyent proportionels entr'eux.

I shall now collect the results of the preceding reflexions with regard to physical measures.

When the inquiry is into general causes, such as heat, the electric fluid, *humor*, light, the weight of the air, the fall of bodies, percussion, &c. causes concerning which we never acquire sufficient light, we must endeavour to find out what are their most simple effects, in order to measure the intensity of them by those effects. In that case it is proper that the fixed terms of the measure be taken at the greatest possible distances. For it being the most simple effect, and consequently that which approaches nearest to follow, by its degrees, those of the intensity of the cause, it will serve as a common measure for all the other effects dependant on it. One must, therefore, ascertain the uniform

form

Je vais maintenant rassembler ici les résultats des réflexions précédentes à l'égard des Mesures physiques.

Lorsqu'il s'agira de causes générales, comme la chaleur, le fluide électrique, l'*humor*, la lumière, le poids de l'air, la chute des corps, les chocs, &c. causes sur l'action desquelles nous n'acquerrons jamais assez de lumières, il faut chercher quels sont leurs effets les plus simples, afin de mesurer leur intensité par ces effets. Alors sans doute il convient que les termes fixes de la mesure soyent pris aux plus grandes distances possibles. Car s'agissant de l'effet le plus simple, et par conséquent le plus approchant de suivre par ses degrés ceux de l'intensité de la cause, il servira de mesure commune pour tous les autres effet qui en dépendront. Il faut donc assurer la construction uniforme de la mesure;

ca

form conftruction of the meafure, which cannot be more
accurately obtained than by a great diftance of the fixed
points; and attempt, however, by every means poffible,
to find the proportions of this moft fimple and moft regular effect, with its caufe.   It is on this account, that,
in my treatife on the Thermometer, I have expofed all
the reafons which lead me to believe that quickfilver is
the body whofe changes of bulk are moft proportionate
to the variations of heat which produce them, in order to
affure to this liquid the preference as a common meafure
of heat: and that afterwards, as I have faid above, I looked
for the proportions of its progreffion with thofe of heat
itfelf.

But as to the co-effects which will be indicated by
thefe meafures of general caufes, unlefs they can be determined degree after degree by experiment, and the
                                                objects

---

ce qu'on obtient plus furement par une grande diftance des points fixes; et
chercher cependant par tous les moyens poffibles les rapports de cet effet le plus
régulier, avec fa caufe. C'eft par ces raifons que dans mon traité fur le Thermomètre, j'ai raffemblé tous les motifs qui me portent à croire que le mercure
eft celui des corps dont les changemens de volume font les plus proportionnels
aux variations de la chaleur qui les produifent; afin d'affurer à ce liquide la pré-
férence pour la mefure commune de la chaleur: et qu'enfuite, comme je l'ai dit
ci-deffus, j'ai cherché les rapports de fa marche avec celle de la chaleur elle-
même.

Mais quant aux co-effects qui feront indiqués par ces mefures des caufes générales, à moins qu'on ne puiffe les déterminer degré par degré à l'aide de l'expé-
                                                rience,

objects are delicate enough to make this neceffary, the fafeft, and at the fame time moft convenient, method will be always to keep within the limits of the natural cafes, to fix the fundamental points of the proportions; ufing for that purpofe all the fupplies of art and found logic to come as near to exactnefs as poffible in fixing thefe bafes. It is this confideration which feems to me to give fome value to the method of afcertaining the relative expanfibilities of bodies, which is the fubject of the firft part of this paper. If the co-effects are proportionate between them, there will be little loft in not taking diftant terms of comparifon, if they are taken exactly. If the co-effects are not proportionate, there will be much gain; and the lefs they are, fo much the more.

We are obliged to take up with probability in Nature in fo many refpects, that it is perhaps of more importance

---

rience, et que les objets foyent affes délicats pour qu'il le faille, la méthode la plus fure, et en même tems la plus commode, fera toûjours de rentrer en dedans des limites des cas naturels, pour fixer les points fondamentaux des rapports; en employant tout ce que l'art et la bonne logique peuvent fournir de fécours et de méthodes pour approcher le plus qu'il eft poffible de l'exactitude en fixant ces bafes. C'eft cette confidération qui me paroit donner du prix à la méthode de fixer les expanfibilités rélatives des corps, qui fait le fujet de la première partie de ce Mémoire. Si les co-effets font proportionnels entr'eux, on perdra peu à ne pas prendre des termes de comparaifon éloignés, pourvu qu'on les prenne avec exactitude. S'ils ne le font pas, on gagnera beaucoup; et d'autant plus, qu'ils le feront moins.

Nous fommes obligés de nous contenter du probable à tant d'égards dans la

tance to us to inveſtigate the phyſical rules of probabi‑
lity than to attend to its mathematical rules upon hypo‑
theſes.

EXPLANATION OF THE FIGURES.

FIG. I.

a a A rod of a ſubſtance little dilatable by heat (glaſs for
inſtance) ſuſpended vertically.

b A bracket, from which hangs that rod.

c Point of ſuſpenſion of the rod. It is the point where the
rod is free from the preſſure of the piece which keeps

it

Nature, que chercher les règles phyſiques de la probabilité, nous eſt peut‑être
plus eſſentiel, que de nous attacher à ſes règles mathématiques ſur des hypothèſes.

EXPLICATION DES FIGURES.

FIG. I.

a a Une branche d'une matière peu dilatable par la chaleur (de verre par exem‑
ple) ſuſpendue verticalement.

b Une pièce fixée quelque part, d'où pend cette branche.

c Point de ſuſpenſion de la même branche. C'eſt celui où elle ſe trove dégagée

de

it fufpended; and it is from that point only that the length of the rod is reckoned. This is the rod which is called *fixed* in the paper.

dd A rod of a more dilatable fubftance than the former.

e Point at which the rods are connected, called in the paper *point of union* of the rods.

f Point marked upon the rod *dd* at the middle height of the rod *aa*.

g Another point upon the fame rod, at the third part of that height.

The rod *dd* is the one which is called *free* in the paper. If then that *free rod* has a dilatability double of that of the *fixed rod*, the point *f* fhall be *immoveable*, notwithftanding the variations of the heat. If the firft dilatability is triple, then the point *d* will be *immoveable*.

F I G.

---

de la pièce qui la tient fufpendue; et c'eft de ce point feulement que doit fe compter la longueur de la branche. C'eft celle qui eft dite *fixée* dans le Mémoire.

dd Une branche d'une autre matière plus dilatable que la prémière.

e Point où les deux branches font goupillées enfemble, nommé dans le mémoire *point de réunion* des branches.

f Point marqué fur la branche *dd* à la moité de la hauteur de la branche *aa*.

g Autre point marqué fur la même branche, au tiers de la hauteur de l'autre.

La branche *dd* eft celle qui eft ditte *libre* dans le Mémoire. Si donc cette branche *libre* a une dilatabilité double de celle de la *branche fixée*, le point *f* fera *immobile*, malgré les variation de la chaleur. Si la prémière dilatabilité eft triple de la dernière, ce fera le point *d* qui fera *immobile*.

F I G.

F I G. II.

aa Stand to which the *Pyrometer* is fuspended.

b The hook from which it hangs.

ccc The deal-board which is the bafis of the whole apparatus.

dddd Four arms to which the frame *eeee* is fixed.

eeee The frame.

ssss Another frame, which carries the Microfcope.

gg Two crofs pieces, through which paffes the tube of
the Microfcope, and which fupport it near both ends.

bb The Microfcope.

i Its Micrometer.

k Cork, through which paffes the glafs rod, and by
which it is kept fufpended.

ll The

F I G. II.

aa Le fupport auquel eft fufpendu le *Pyromètre*.

b Le crochet d'où il pend.

ccc La planche de fapin qui fert de bafe à tout l'appareil.

dddd Quatre bras qui fervent à porter le cadre *eeee*.

eeee Ce cadre.

ffff Le chaffis qui porte le Microfcope.

gg Deux traverfes dans lefquelles paffe le tube du Microfcope, pour le foutenir
près de fes deux bouts.

bb Le Microfcope lui même.

i Son Micromètre.

k Liège dans lequel la branche de verre eft tenue.

I　　　　　　　　　　　　　　　　　*ll* La

ll The glafs rod.

m A rod of metal, or of any other fubftance lefs dilatable than glafs.

n *Point of union,* obtained by means of two connected rings, in which both rods are faftened by fcrews.

Higher up is another pair of rings, in one of which the metal rod is free, and which rod it fupports.

op The piece to which the glafs rod is fufpended.

q A fquare piece fixed to the frame by four fcrews, behind which is a box, in which, as well as in a groove cut in the bafis in *p*, the piece *op* flides.

r A fcrew, which paffes through the fquare piece *q*, whofe ufe is to move backwards or forwards the piece *q*, in order to bring the furface of the metal rod to the focus of the Microfcope.

ssss Four

---

ll La branche de verre.

m La branche de métal, ou de toute autre fubftance plus dilatable que le verre.

n Le *point de réunion*, produit par deux anneaux accouplés, où chacune des branches eft fixée par une vis.

Un double anneau femblable, mais où la branche de métal paffe librement, fe voit plus haut, et fert à foutenir cette dernière branche.

op La pièce à laquelle la branche de verre eft fufpendue.

q Une autre pièce fixée fur le cadre par 4 vis, derrière laquelle eft une boite où la pièce *op* gliffe fort jufte, ainfi que dans une mortaife faite à la planche *ccc* en *p*.

r Une vis qui paffe au travers de la pièce *q*, et qui fert à faire mouvoir la pièce *op* en avant ou en arrière pour amener la furface de la branche de métal au foyer du Microfcope.

ssss Quatre

ssss Four fcrews, with round metal plates behind
   their heads, which ferve to prefs the frame of
   the Microfcope againft the frame *eeee:* the longitu-
   dinal openings, through which pafs the fcrews, per-
   mit the free motion of the firft frame, when one
   ftrikes gently with a hammer to the bottom or the
   top of one of the fides.

   When one wants the Microfcope higher or lower
      than the grooves permit, one may change the
      fcrews in other holes made on purpofe in the
      fide pieces of the frame *eeee.*

tttt The cylindrical bottle, in which hang the rods, in
   order to be heated at different degrees by water of
   various temperatures.

uu Supporters of the bottle.

x Ther-

---

ssss Quatre vis, ayant des plaques de métal derrière leurs têtes, qui fervent à
   preffer le chaffis du Microfcope contre le cadre *eeee*; fans empêcher cependant
   que ce chaffis ne puiffe monter ou defcendre (par le moyen des ouvertures
   longitudinales où paffent les vis) en frappant des petits coups de marteau
   deffous ou deffus l'un des côtés.

   Quand on a befoin de placer le Microfcope plus haut ou plus bas que les
      couliffes ne peuvent le permettre, on change les vis en d'autres trous qui
      font le long des montans du cadre *eeee.*

tttt La bouteille cylindrique dans laquelle pendent les branches pour y être
   échauffées à différens degrés, par de l'eau à différentes températures.

uu Supports de cette bouteille.

x Ther-

x Thermometer fufpended in the water.

yy A rod, to the lower end of which is fixed a fmall plate, to ftir the water by moving it up and down.

z z A fyphon, one branch of which is within, and the other without, the bottle, the latter with a cock; ferving to draw off the quantity of water which is neceffary for changing the temperature in the bottle.

F I G. III.

a The ball of the *Areometer*, which is of glafs and empty, except

b The fmall ciftern at the bottom, which contains quick- filver.

c.c The *branch*, made of a thin metal tube, cemented to the ball.

45,15 Two

---

x Thermomètre fufpendu dans l'eau.

yy Baguette au bas de laquelle eft une petite plaque, qui fert à agiter l'eau en la faifant mouvoir de bas en haut et de haut en bas.

zz Syphon, dont une des branches eft dans la bouteille, et l'autre au dehors portant un robinet; fervant à tirer de la bouteille la quantité d'eau neceffaire aux changemens de degrès de chaleur.

F I G. III.

a Boule de l'*Aréomètre*, qui eft de verre et vuide, excepté

b Le petit refervoir rempli de mercure.

c.c La branche, faite d'un tube mince de métal cimenté à la boule.

45,15 Deux

45,15 Two threads tied to the branch, which are the *fixed points* of the Areometer, as intended to try fpirituous liquors.

The conftruction of the whole fcale is explained in the paper.

One may apply another fcale on the oppofite fide of the *branch* (fuch as the arbitrary fcale in the figure) intended to try merely the fpecific gravity of the liquids in which the Areometer may be dipped. The particular *fixed points* of this fcale (as for inftance *dd)* may be taken in two liquids whatfoever, whofe fpecific gravities, tried by the hydroftatic balance, fhall have a convenient relation; and the fpace between thofe two points will be divided into a convenient number of equal parts.

The

45,15 Deux fils attachés autour de la branche, qui font les *points fixes* de l'*Aréomètre,* comme deftiné à l'épreuve des liqueurs fpiritueufes.

La conftruction de toute cette échelle eft expliquée dans le Mémoire.

On peut tracer de l'autre côté de la branche une autre échelle (comme l'échelle arbitraire de la figure) marquant fimplement les pefanteurs fpécifiques des liquides dans lefquels l'*Aréomètre* fera plongé. Ses *points fixes* (comme par exemple *dd)* pourront auffi être marqués par des fils dans deux liqueurs quelconque, où la balance hydroftatique aura indiqué des pefanteurs fpecifiques qui ayent entr'elles des rapports fimples, dont la différence fera divifée enfuite en parties égales fur il'échelle.

Fig. I.

Fig. II.

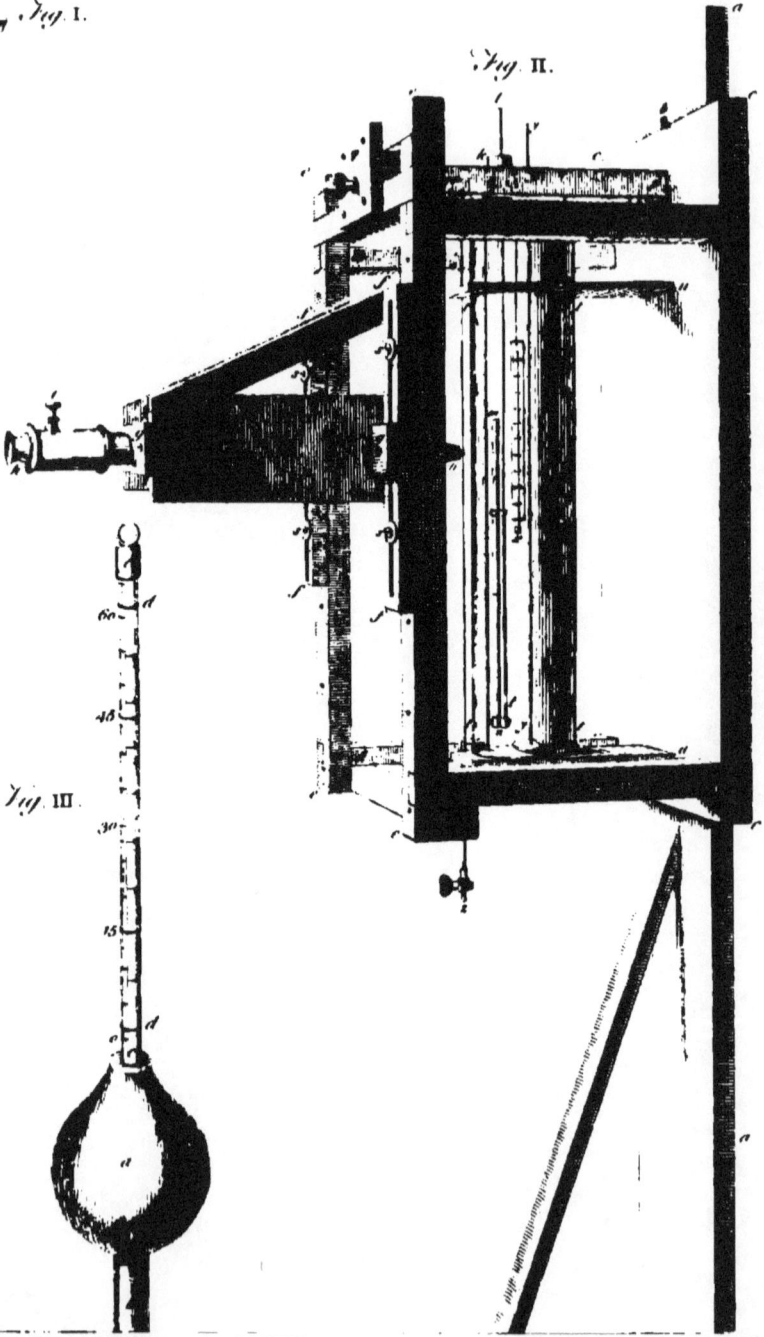

Fig. III.

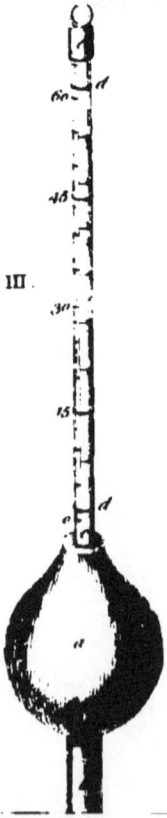

de Luc del.

Basire Sc.

The proportions are not determined in this figure, which ferves only to help the explanation of the principles upon which a *comparable Areometer* might be conftructed.

Il n'y a rien de déterminé dans les proportions de cette figure, qui fert uniquement à rendre plus intelligible les principes fur lefquels on pourroit conftruire un *Aréomètre comparable.*